蔬菜生产实用技术

龚贺友　郑　蒙　主编

中国农业科学技术出版社

图书在版编目（CIP）数据

蔬菜生产实用技术 / 龚贺友，郑蒙主编 . —北京：中国农业科学技术出版社，2014.6

（新型职业农民培训系列教材）

ISBN 978-7-5116-1687-6

Ⅰ. ①蔬…　Ⅱ. ①龚…②郑…　Ⅲ. ①蔬菜园艺-技术培训-教材　Ⅳ. ①S63

中国版本图书馆 CIP 数据核字（2014）第 113651 号

责任编辑　徐　毅
责任校对　贾晓红

出 版 者　中国农业科学技术出版社
北京市中关村南大街 12 号　邮编：100081
电　　话　(010)82106631(编辑室)　(010)82109702(发行部)
(010)82109709(读者服务部)
传　　真　(010)82106631
网　　址　http://www.castp.cn
经 销 者　各地新华书店
印 刷 者　北京市通县华龙印刷厂
开　　本　850mm×1 168mm　1/32
印　　张　6.25
字　　数　150 千字
版　　次　2014 年 6 月第 1 版　2014 年 6 月第 1 次印刷
定　　价　19.00 元

新型职业农民培训系列教材

《蔬菜生产实用技术》

编 委 会

序

我国正处在传统农业向现代农业转化的关键时期，大量先进的农业科学技术、农业设施装备、现代化经营理念越来越多地被引入到农业生产的各个领域，迫切需要高素质的职业农民。为了提高农民的科学文化素质，培养一批“懂技术、会种地、能经营”的真正的新型职业农民，为农业发展提供技术支撑，我们组织专家编写了这套《新型职业农民培训系列教材》丛书。

本套丛书的作者均是活跃在农业生产一线的专家和技术骨干，围绕大力培育新型职业农民，把多年的实践经验总结提炼出来，以满足农民朋友生产中的需求。图书重点介绍了各个产业的成熟技术、有推广前景的新技术及新型职业农民必备的基础知识。书中语言通俗易懂，技术深入浅出，实用性强，适合广大农民朋友、基层农技人员学习参考。

《新型职业农民培训系列教材》的出版发行，为农业图书家族增添了新成员，为农民朋友带来了丰富的精神食粮，我们也期待这套丛书中的先进实用技术得到最大范围的推广和应用，为新型职业农民的素质提升起到积极地促进作用。

闫树军

2014 年 5 月

前　言

随着蔬菜产销形势的不断发展，广大蔬菜科技工作者和生产第一线的管理者、经营者及菜农，迫切需要一部具有科学性、实用性和结合时代生产特点的蔬菜生产技术的工具书。本书的编写者正是为了满足这一要求，精心编写了《蔬菜生产实用技术》一书。

本书根据蔬菜产业整体发展情况，设施农业发展水平等条件，全面编写了蔬菜生产中所应用的不同类型设施建造工艺、应用材质及相关建设技术与主栽蔬菜种类（包括叶菜类、果菜类、瓜类等系列品种）无公害高产高效生产技术。

全书共有两部分组成，第一章“蔬菜棚室建设”由河北农业大学教授李青云编写，第二章“主栽蔬菜栽培管理技术”由30小节组成，第一节“无公害大白菜高产栽培技术”、第七节“甘蓝栽培管理技术”、第八节“菜花栽培管理技术”由赵洪波编写，第二节“油菜栽培管理技术”、第三节“生菜栽培管理技术”、第四节“菠菜栽培管理技术”由费继兰编写，第五节“无公害大葱高产栽培技术”、第十四节“大棚菜豆早产高产栽培技术”由王一红编写，第六节“露地西兰花栽培管理技术”由王宝恒编写，第九节“日光温室芹菜栽培管理技术”、第十二节“大棚莴笋栽培管理技术”、第二十五节“大棚（日光温室）甜瓜栽培管理技术”由钟少宁编写，第十节“无公害韭菜栽培管理技术”由王明耀编写，第十九节“草莓栽培管理技术”由梁文彬编写，第二十一节“茄子栽培管理技术”由郑蒙编写，第二十四节“地膜小甜瓜栽培管理技术”、第二十六节“大棚小西瓜栽培管理技术”由姜太昌编写，第二十九节“西葫芦栽培管理技术”由郭贵宾编写，其余章节均由魏文亮编写。统稿及校对工作由梁文彬、郑蒙完成。

由于编者的理论水平和实践经验有限，书中不妥之处在所难免，诚望读者批评指正。

编　者

2014 年 5 月

目　录

第一章　蔬菜棚室建设

一、温室类型

建造可越冬生产蔬菜的日光温室多采用机打厚土墙体、砖土复合墙体、带蓄热层的泡沫砖墙体温室，无论哪种墙体温室，均应合理设计高度和跨度，覆盖厚度合理、质量好的保温被或草苫等覆盖物，保证冬季最低温度 8℃ 以上，低温期白天气温达到 20℃ 以上的时间每天不低于 4 小时，满足果菜正常生长的需要。

（一）土墙温室

1. 结构规格

土墙日光温室的方位多为坐北朝南，正东正西，也可南偏西 5°。温室长度 80 ~ 120m，跨度为 8.0 ~ 9.0m，脊高 3.3m ~ 4.5m；棚内栽培面与外地面平或下挖，后坡长 1.5 ~ 1.7m，仰角 45°。温室前屋面骨架采用全钢架、钢竹混合骨架，也可采用竹木骨架。各部位具体规格可参考表 1 – 1。

表 1 – 1　冬用型土墙日光温室规格

<table>
<tr><th colspan="2">项目</th><th colspan="2">规格</th><th>备注</th></tr>
<tr><td colspan="2">内跨</td><td>8m</td><td>9m</td><td></td></tr>
<tr><td rowspan="2">脊高</td><td>竹木骨架</td><td>3.3 ~ 3.5m</td><td>3.6 ~ 3.8m</td><td>设 5 ~ 7 排立柱</td></tr>
<tr><td>钢架或钢竹骨架</td><td>3.8 ~ 4.0m</td><td>4.3 ~ 4.5m</td><td>后坡下设 1 ~ 2 排立柱</td></tr>
<tr><td rowspan="2">后墙内高</td><td>竹木骨架</td><td>2.8 ~ 3.0m</td><td>3.1 ~ 3.3m</td><td></td></tr>
<tr><td>钢架或钢竹骨架</td><td>3.2 ~ 3.5m</td><td>3.8 ~ 4.0m</td><td></td></tr>
</table>

（续表）

项目		规格	备注
后坡水平投影		0.5～0.7m	后坡仰角30～45°，后坡下无立柱的钢架温室后坡仰角40～45°
栽培床挖深		0.5～0.7m	安次区等地下水位高的地域不下挖
土后墙厚度	顶部	1.5～2m	“内建砖、石墙＋外堆土”墙体厚度规格同土墙体厚度
	底部	3.5～4.5m	
砖土复合墙厚度	顶部	1.2～1.5m	组成为“内外24cm砖墙，中间夹土”
	底部	1.5～1.8m	
其他参考墙体		① 37cm或50cm砖墙，外贴5～10cm厚苯板 ② 20cm厚聚苯板＋内外水泥柱支撑 ③ 24cm厚泡沫砖墙（中间灌注水泥）	1月上、中旬可种果菜 茬口为冬春茬果菜-秋冬茬果菜-（或深冬叶菜）
间距（两公式均可）		① 间距＝“地面上脊高＋0.5m”×2.4－后坡水平投影－后墙底宽 ② 每排温室＋间距＝“地面上脊高＋0.5m”×2.4＋脊前屋面的跨度	
骨架		全钢架：上弦≥6分管（直径2cm）；下弦≥4分管（直径2cm）或直径1.2cm钢筋；拉花≥直径1.0cm钢筋；拉杆≥4分管（直径2cm）。 无立柱钢竹骨架：钢架间隔≤2.4m	

（1）竹木骨架。竹木结构骨架由立柱、拱竿、拉杆和压杆或压膜线构成。

立柱多为水泥柱（截面10～15cm见方），作用是支撑和固定拱竿，跨度8～10m的温室从南到北设5～7排立柱，东西方向每隔3m设一列立柱，温室每3m为一开间。其中，后坡下方的立柱称为中柱，向南依次为腰柱和边柱，中柱和边柱可分别稍向北、向南倾斜，以加强牢固性，腰柱应垂直地面。立柱材料多为

截面 10cm 见方的水泥柱。

拱竿采用大头 Φ7 ~ 8cm 的竹竿，起保持和固定采光面的作用；拱竿间距 0.5 ~ 0.8m。拉杆多用圆木（Φ8 ~ 10cm）或竹竿，起固定立柱、连接拱竿的作用，防止骨架发生位移；内部跨度 8 ~ 10m 的温室可设 5 ~ 7 道拉杆。一斜一立式日光温室的前屋面采用竹竿压膜效果好，下端用 8#铅丝固定，也可直接采用 8#铅丝压膜；半拱形日光温室多采用聚丙烯塑料压膜线固定棚膜。每两根拱杆间设一道压膜线或铁丝，压膜线或铁丝上端固定在屋脊部，下端固定在前屋面底脚外侧的地锚或地锚铁丝上。

（2）钢骨架。目前，规模化生产基地和观光园区的日光温室普遍采用钢管或钢管钢筋片架作为承力骨架。钢架结构的日光温室前屋面下方无立柱，因此，跨度都不宜太大，脊高要足够高，以保证拱架维持合理弧度。

钢架结构通常为钢管上弦（Φ26.8 ~ 33.7mm，壁厚 2.5 ~ 2.75mm）、钢筋下弦（Φ12 ~ 16mm）或钢管下弦（Φ26.8 ~ 33.7mm，壁厚 2.5 ~ 2.75mm），腹杆（即拉花）为钢筋（Φ10 ~ 12mm），拱架间距 0.8 ~ 1.0m，纵向设钢管（Φ20 ~ 26.8mm，壁厚 2.5 ~ 2.75mm）拉杆 4 ~ 6 道。多数钢架温室把钢架直接固定到后墙上。一般跨度较大、无立柱或少立柱的温室要采用较高规格的钢材，如果钢材规格不够，则使用过程中拱架很容易变形，改造起来难度更大，也更费钱。

8m 跨度的温室内部可以不设立柱，8m 以上跨度的钢架温室需要在后坡下方设立柱支撑。规模化园区在生产中通常夏季不撤下棚面上的保温被或草苫，这样给骨架的压力太大，建议所有园区的温室最少在后坡下设 1 排强度符合要求的立柱。立柱材料可以选择成本较低的截面 10cm 见方的水泥柱，也可以选择外形漂亮、成本较高的直径 50mm 国标镀锌管，如果温室跨度大，但立柱规格偏小，则骨架容易变形。钢架温室的后坡仰角要适当加大，在40°以上，否则后坡下的钢架受压容易变形。

（3）钢竹混合骨架。近年来，8～10m的大跨度无柱或少柱温室越来越多地应用到园艺作物生产上，全钢架是大跨度、少立柱或无立柱温室的理想骨架，但其成本较高，为了节约钢材，降低造价，可在前屋面使用钢架和竹竿作为混合骨架支撑，即钢架间距2.4～3m，每两个钢架之间设置3～5根竹竿或钢管，东西向采用钢丝代替拉杆固定骨架。跨度在8m以上时，为了加强温室的牢固性，后坡下方应设置一排中柱，在跨度超过9m后，前屋面骨架下方也需要增设至少1排立柱。混合骨架中如果钢架间距超过3m也需要在前屋面钢架下方增设立柱支撑。混合骨架温室的特点是结构较牢固，使用年限较长，造价较低，介于钢筋骨架和竹木骨架之间，室内空间大，操作方便，是目前普通农户应用最多的一种骨架。

现在生产上建造的日光温室都是跨度较大、墙体较厚、占地面积较大的高成本建筑，而普通竹竿容易老化，2～3年就要更换，非常费工，为了避免经常更换竹竿，减少骨架维修成本，可选择云南等地产的韧性更好、抗老化能力更强的水竹，使用寿命可达6～8年。

2. 土墙竹木骨架温室建造方法

土墙温室骨架类型较多，其中，竹木骨架温室立柱多，建造程序较复杂，这里进行重点介绍。

土墙温室可在雨季过后开始建造，建造工程最晚在土壤上冻前20d停止。主要考虑尽量避开雨季施工利于土墙体的坚固，同时也能降低施工难度；在土壤上冻前施工早结束，可保证在冬季覆膜保温前土墙体充分干透。有的地方为了赶工期坚持在土壤上冻后施工，结果覆膜后土墙仍然潮湿，长时间处于吸热状态，冬季的太阳辐射相当一部分用于墙体蒸发水分，导致温室内温度低，升温难。另外，潮湿的土墙不稳固，使用过程中墙体内侧随

时有坍塌的风险，一旦发生墙体塌陷，轻则增加维修成本，重则危及人身安全，因此，要十分重视建棚结束的时间。

在建造日光温室之前，先找准方位，按照子午线方向确定温室的正南正北方位或南偏西5°方位，再按照设计好的间距和温室长度画出温室轮廓，然后按照以下步骤建造温室。

（1）建造墙体。

①画线：把后墙和东西山墙的地基宽度画上线，一般墙体铺底宽度8m。

②轧地基：用链轨拖拉机压实地基。

③上土：用大型挖掘机从温室栽培床位置取土，先把30cm厚的表土取出堆放到温室间距位置，再挖深层的土平摊在墙基上，每铺40cm厚土用链轨拖拉机碾轧一层，每层土用链轨车错开车辙碾压6～8次。再反复取土、铺放、碾轧，至墙体达到预定高度，且墙顶宽度达到2.5～3m。

④切墙：将墙体切成顶宽1.5～2m，内墙面向后倾斜6～10的墙体。切东西山墙时前口比后口宽约1.5m，减少遮光。山墙高度要参照支好的钢架形状切削。墙体切好后再取后坡用的防寒土堆在后墙顶部备用。

需要注意的是造墙的土壤湿度在60%左右；上土厚度要一致，铺土至墙体临边时，应在设计边线外侧各超填一定余量；墙体每层土要压实，不留空隙。建土墙要在适宜的建棚时期并严格按照规范操作，否则容易坍塌，有伤人的风险。一般要求建好的土墙体在土壤上冻前干透，多数情况下可在当地雨季过后建造，寒冷地区或建造工程量大的项目最好在春季土壤化冻后施工，禁止在冻土期施工。

（2）埋立柱。在墙体建成后，首先应回填预先挖出的表土，并平整温室内地面，为方便浇水，进口一端可比另一端高出10～15cm；然后浇大水，利用大水沉实温室的地面，并再次整平，必要时可再浇水沉实。沉实地面后再埋设立柱。

日光温室内部从南到北一般设 5～6 排立柱，东西方向每组立柱之间的距离多为 2.4～3m。

①测量：为了增强棚室牢固性，提高立柱承载力，同时又能方便管理操作，立柱埋设的技术要求是“东西成行，南北成行，分布均匀，上下一致”。在埋设立柱过程中，通常先埋设东西（或南北）两头和中间的 3 根立柱，在立柱顶部拉一条标线，以确定所有立柱的水平位置。

②确定立柱角度：在安装立柱时，立柱不能全部竖直安装，这样会导致立柱的承重能力下降，棚内的立柱容易在过重的压力下（如大雪）向前方或后下方倾斜。因此，立柱应有一定倾斜角度。以南北方向每组 5 根立柱为例，每根立柱的安装角度都存在差异。

前屋面下方从南到北开始的第一根立柱应适当向南倾斜，具体倾斜的角度应考虑对应部位屋面的倾斜程度，一般立柱与顶部接触的屋面切线越接近垂直承重力越强。因为通常屋面前部拱度较大，棚面的重力向温室的后下方压，所以，立柱要稍微向前倾斜，这有利于增强立柱的承重能力。

棚前的第二根立柱也要稍向南倾斜，倾斜角度在 1～2°为好，这样还可以增加立柱与上部钢架的接触面积，有利于增加承重力。

第三根立柱即中间的一根立柱应竖直安装。

第四根立柱上部对应部位的棚面倾斜角度变小，考虑到草苫及卷帘机的重量向温室的斜前方压，所以将立柱向北倾斜 1～2°即可。

温室北侧最后一根立柱要将温室后坡上的坨柱顶住，以承担后坡的重量，这排立柱又叫中柱，它的倾斜角度要大，一般向北倾斜角度为 10～15°。为了最大限度发挥中柱的承重效果，多数

情况下中柱不顶在屋脊处，而是顶在后坡距离屋脊 30cm 处。

如果后坡较长，后坡整体重量较大，就应该增加一根立柱以支撑后坡，同时支撑后坡的两根立柱南北方向间距约 80cm，靠近后墙的一排立柱上端也向北倾斜 10 ~ 15°，下端可紧贴后墙，甚至插入后墙。

③埋放立柱：立柱一般采用水泥预制件做成。立柱竖起前，先挖一个长 40cm、宽 40cm、深 40 ~ 50cm 的小土坑，为了防止立柱下沉，可在小坑底部放一块石头或砖，然后将立柱按照设计好的角度竖在上面，与两头立柱顶部拉的标线比齐后用土填埋，并用脚充分踩实压紧。

（3）铺后坡。有中柱（即后排立柱）的日光温室可先建后坡，再上前屋面骨架。多数日光温室的后坡由脊檩（也叫横梁）、坨柱（也叫椽条）、纵向钢丝及上面铺放的保温材料四部分构成。

日光温室的脊檩置于中柱顶端，呈东西向延伸。脊檩的作用是纵向连接钢架，

坨柱多用水泥预制件做成，有的温室在坨柱间增加木棍或竹片支撑后坡。坨柱的顶端压在立柱顶部，另一端压在后墙上，注意压在距离后墙南沿 20 ~ 30cm 处，防止雨后由于后坡压力过大导致后墙顶部前沿被压塌。有的温室还在屋脊处的坨柱上方东西方向架设 1 根脊檩，材料为钢管、角钢或木棍。坨柱与脊檩和后坡纵向钢丝组成一个平面，与立柱紧紧固定在一起共同支撑后坡。坨柱间距 0. 8 ~ 1m。

坨柱固定好后，在坨柱上沿东西方向拉若干道 10 ~ 12 号的冷拔铁丝，铁丝间距 6 ~ 8cm，铁丝两头插入温室山墙外侧的土中，用地锚固定。铁丝固定好以后，可在整个后坡上部铺一层塑料薄膜，然后再把稻草苫、毛毡铺、苇箔等保温材料铺在塑料薄膜上，再铺 20cm 厚的玉米秸捆，用麦秸填缝、找平，将塑料薄

膜再盖一层或采用一块薄膜对折包裹的方法覆盖，塑料薄膜上面再压厚度 20cm 的细干土，后坡的建造就完成了。

（4）上承重拱架。多数带立柱的日光温室采用钢架或粗钢管作为承重拱架，承重拱架下面需要立柱支撑，承重拱架多采用钢架，也可用直径 6cm 或 7.5cm 的国标镀锌管。承重拱架上端可通过水泥柱墩等垫脚放在后墙上，下端通过水泥柱墩等垫脚固定在地上，屋脊部及前屋面的拱架用 12 号铁丝固定在立柱顶部。钢管做承重骨架时可直接固定在后坡下方的立柱顶部。

如果承重骨架上端要放到后墙上，则要提早安装，即在埋好立柱后、搭建后坡前安装好。

（5）固定前屋面纵向钢丝。在前屋面承重钢管骨架上或承重钢拱架的上弦上固定东西向钢丝，钢丝的作用有两个，一是纵向连接固定承重骨架，保证棚面的整体牢固，二是用来支撑承重骨架之间架设的竹竿和棚膜，确保采光面平整。纵向钢丝采用 10～12 号冷钢丝，每 25～30cm 一道。钢丝两端固定在山墙外侧的地锚上，中间用细铁丝与所有钢架的上弦捆绑固定。前屋面底脚处多拉一条钢丝，用于夹固撑膜的竹竿。

（6）固定撑膜竹竿。钢竹混合骨架温室需要在钢架之间固定竹竿作为支撑薄膜的竹竿。选择大头直径 6～8cm 的实心竹竿作为拱杆，固定在承重骨架之间，竹竿连接时粗头朝外，细头对接，每两个钢架之间一般安装 3～5 排撑膜竹竿，竹竿间距约 50cm。为了保持棚面平整，在承重拱架上也捆绑一道竹竿。竹竿用 12 号铁丝固定在纵向钢丝上，竹竿上端固定在脊檩上，拱形屋面的竹竿下部用底角处的两道钢丝夹住、固定，并插入地下 20cm 深处。无脊檩温室撑膜竹竿的顶部要用脊部的两道钢丝夹住。一斜一立式温室撑膜竹竿的下部则固定在前部立柱顶端的纵拉杆上。

（7）覆膜。最好选择无风的天气覆盖前屋面的采光膜，在

覆膜前几天应该做好准备工作，具体准备工作包括准备合适宽度的棚膜和埋地锚。

棚膜准备要在比较宽敞、干净的地面上进行，按照规格要求将薄膜裁好，并固定薄膜上端的钢丝拉绳，具体做法是：把裙膜和中间大块宽幅薄膜需要固定在拱架上的一端用黏膜机粘出一道1~1.5cm宽的穿绳套，穿入一根钢丝作为固定棚膜用的拉绳，由于覆膜时有流滴剂的一面必须朝向温室内，因此，要注意把穿绳套的折边折向薄膜内侧。

埋地锚的位置包括山墙两侧和前屋面底脚外侧，在山墙两侧分别埋放6~8个地锚，用于固定棚膜，也可以不埋地锚，而是把棚膜两头用粗钢筋卷起后固定在山墙上。前屋面底脚外侧埋地锚的作用是固定压膜线，在相邻两道拱架和拱杆之间都要埋一个地锚，具体方法是：用粗铁丝捆一块整砖，沿边线埋入土中，上面留一个环用来固定压膜线。

下面以覆盖3块薄膜为例说明覆膜的方法。

①固定裙膜：裙膜宽1.2~1.4m，长度比温室长度（含山墙厚度）多出2~2.5m。把裙膜盖在前屋面骨架的下部，两头的拉绳拉紧后用粗钢筋卷起薄膜，用12号铁丝固定在山墙外侧的地锚上，中间用细铁丝将拉线捆绑固定在棚架上，注意裙膜上端高度一致。在拱架插地处的南边开挖浅沟，将裙膜底部绷紧，并将落地约20cm宽的余膜埋入沟中踩实。

在烟粉虱、白粉虱等害虫发生严重的地区建造温室，需要考虑在风口处覆盖防虫网，这需要在固定裙膜膜之前进行，选择幅宽1.5~1.7m、40目的防虫网，可用于腰部通风口和底角通风口隔离害虫。防虫网上端用细铁丝固定在拱架上，下端10cm埋入土中。

②固定中间的宽幅薄膜：中间一幅薄膜上端固定的位置距离屋脊1.5~2m，下端覆盖在裙膜上，薄膜的长度比温室长度（含

山墙厚度）多出 4 ~8m，宽度可用下面的公式计算：

膜宽 = 拱架弧长 - （1 ~1.2m） - （1.5 ~2m） + （0.2 ~0.3m）

在无风条件下上膜，从温室两头通过拉绳绷紧薄膜，再用粗钢筋卷起薄膜，固定在山墙外侧的地锚上，或从山墙外侧固定在墙中，也可将薄膜卷起后直接埋入山墙外侧的地下，注意固定牢固。薄膜上端用细铁丝通过拉绳固定在拱架上。

③固定顶膜：顶膜上部盖住后坡的一部分或全部，下部盖在中间的薄膜上，重叠 20cm。顶膜上部用木杆或钢筋卷好，固定在后墙底部的地锚钢筋上；或埋在后坡的防寒土下面，这样顶部密闭性好。如果后坡已经封顶，顶膜就只能固定在靠近屋脊处的拱架上了，为了防止顶部出现缝隙，最好在紧邻屋脊的拱架上纵向固定一道压膜卡槽，用卡簧压膜时可在后坡方向预留出足够宽度的薄膜。

同样，为了预防白粉虱和烟粉虱危害，在固定顶膜之前先在顶风口的位置固定一幅防虫网，幅宽 1m 即可。防虫网下端要紧邻中部薄膜。

④压膜：及时用聚丙烯压膜线或尼龙绳等压膜线固定棚膜，压膜线上端固定在后墙顶部的地锚钢筋上，下端固定在前屋面底脚外侧的地锚上，要求压膜线紧贴棚膜。因为压膜线能否绷紧直接关系到温室薄膜的放风能力，因此，在覆膜后 3 ~5d，应在晴天中午再重新绑紧压膜线，以后每隔 1 个月，都要检查并绑紧压膜线，这在风大的冬季和春季非常重要。此外，还要经常检查后墙上固定压膜线的地锚钢丝以及山墙外、前屋面底脚外侧的地锚，防止因地锚松动影响压膜效果。

采用一斜一立屋面的温室可以在棚面设一部分压杆，辅助压膜线固定棚膜。压杆多数用细铁丝直接穿透薄膜固定在下方的竹竿拱杆上。

⑤安装滑轮组通风装置：无论采取哪种覆膜方式，只要采取扒缝放顶风的温室，由于顶部风口位置较高，放风时常常需要站到温室外侧的顶部操作，这样既费工，又不安全。近年来，采取滑轮组通风装置进行拉绳通风就解决了放顶风的费工和安全问题，具体做法是：将顶膜（窄幅膜）的下端用黏膜机粘一道1~1.5cm宽的穿绳套，穿入一根钢丝，一方面便于覆膜时拉紧薄膜，另一方面可用于安装滑轮组放风装置。放风装置由3个定滑轮和两根绳子组成，其中定滑轮A固定在顶风口南侧35~40cm处的压膜线上，定滑轮B和定滑轮C固定在后坡下方的东西向钢丝上，B和C在东西方向上相距35~40cm。一根绳子的一头拴在顶膜下端的钢丝上，另一头绕过定滑轮B后垂下，这根绳子用于放风，又叫放风绳；另一根绳子的一头也固定在顶膜的钢丝上，另一头绕过定滑轮A后返回，通过风口进入温室，再绕过定滑轮C后垂下，这根绕过两个定滑轮的绳子用于关闭风口，又叫闭风绳。需要放风时，站在紧邻后墙的走道上拉紧放风绳，绳子下端固定在后坡下的立柱上，可以防止风吹膜动后风口自动闭合。需要关风时松开防风绳的下端，拉紧闭风绳直到风口闭合严密为止。这种滑轮组通风装置非常适合在高大的日光温室上应用。

（8）上草苫或保温被。北方多数地区在11月上旬需要覆盖草苫或保温被，应提前一周左右把草苫或保温被安装到温室上。

双层稻草苫、一层草苫加一层保温被的覆盖可按照“两底托一浮”的方法搭接，将稻草苫或保温被草苫卷绳的上端固定在后墙顶部的地锚钢丝上，卷绳下端的固定因草苫卷放方式而异。其中人工拉苫的，把卷绳绕好后依次卷起草苫，卷绳直接防在草苫捆上即可；采用棚面自走式卷帘机卷放草苫的，下端不需要卷绳，因为草苫底部要直接用铁丝固定在卷杠上；采用墙顶固定式卷帘机卷放草苫的，卷绳下端要通过墙顶固定的卷帘机架上的定滑轮连接电机。

3. 土墙钢竹混合骨架温室建造技术要点

以廊坊40改进型日光温室为例介绍土墙钢架温室建造技术要点。廊坊40改进型温室跨度8.25m，脊高4.2m，前坡屋面角为28°。后墙高3.5 m，上底宽2m，下底4.5m，不下座，后坡长度1.5m，仰角30℃，后坡水平投影0.55m。采用前屋面无柱拱架结构，后坡下设两排立柱。钢架间距2.4~2.6m，中间设4根竹竿。温室剖面图见图1-1。

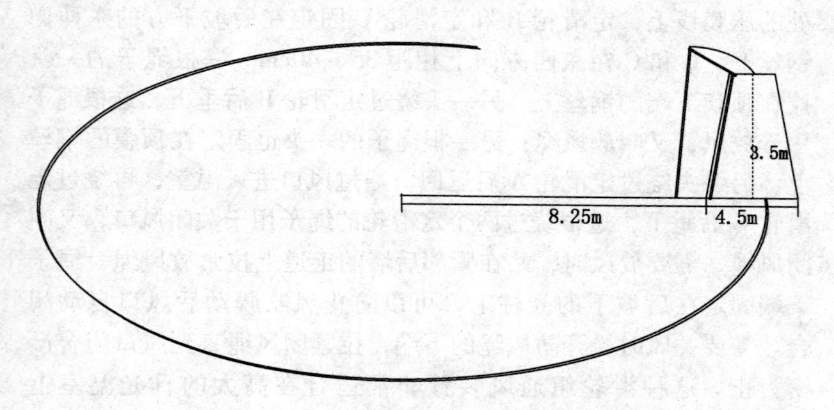

图1-1　廊坊40改进型日光温室剖面图

（1）确定方位和间距。温室方位正南正北或南偏西5°。温室间距本着在冬至日上午9点至下午3点，前棚不遮后棚为宜，生产中最少采用6.25m间距，一般每排温室南北方向占地19~20m。

（2）建墙体。一般采用抓车和推土机配合施工墙体建造，也可以单用抓车抓土和碾压。

具体步骤是：

①用推土机或抓车将棚底的30cm表层熟土推到棚址的最南侧，在棚体墙体完成后回填到棚内；

②压地基：从东、西、北三边的边缘向内要 6m 宽地带，用推土机或抓车反复压实墙体的地基；

③推墙体：推土一般 50～80cm 一层，堆一层后反复压 6～8 次，直到堆土达到高度；

④砌墙体：墙体的内侧砌成斜面，根据土质不同，内墙上口向北斜 50cm 或更多，外侧呈自然坡型；

⑤山墙成型，平整棚内地面，回填熟土。

建造墙体要注意以下几点：一是土壤湿度以 65%～75% 为宜，湿度过高或过低，压墙体的强度差，容易出现塌墙；二是砌墙部位在最上层的车痕 2/3 处，不可砌在没有压实的部位，否则，墙体易塌；三是砌墙要平，上下口要呈一条线，墙面要平，抓车切后还要进行人工修平。

（3）搭建棚架。

①准备架材：建棚体前要准备好两个规格的水泥柱，即中柱以及后坡拱架固定柱。中柱长 4.8m，断面 12cm×12cm、拱架的后坡固定柱长 4.2m，断面 10cm×10cm（水泥柱必须养护 30 天才能用于建棚）。拱架用 2.2mm 厚 11m 长的钢管两根焊成上下弦，用直径 1.0mm 的钢筋焊成三角形拉花。

②埋设立柱，搭骨架：中柱埋设与距后墙 0.8m 处，间隔 2.4～2.6m，由于后坡承重较重，中柱向后倾斜 5°，与地面呈 85°；后坡固定柱以 80°向北倾斜，埋在后墙内 30cm，两排立柱埋深为 60cm。然后将拱架固定在立柱上。

③处理前后坡：温室的东西侧挖 1.2m 深的地锚坑，每侧埋设 33 个地锚，前后坡均用钢丝 33 道拉成琴弦式，前坡 18 道（最上一道距后坡不少于 50cm，以保证放风），后坡 12 道，另 3 道用于棚内吊秧，铅丝要拉紧。后坡铺设 30cm 的玉米秸，玉米秸用塑料膜包住，再在上面从前到后覆土 20～40cm 厚。前坡琴弦上按 50 cm 间距固定竹竿，然后再覆盖棚膜，用压膜线压紧。

注意事项：温室的前坡面要平整，否则影响增温，也易破损棚膜；温室建土墙取土后墙基和栽培面低于地平面，夏季要注意排水。

（二）砖土复合墙温室

1. 结构规格

砖土复合墙温室比土墙温室墙体占地面积小，墙体外观整齐，墙体使用寿命长，维护容易，且温室间距利用率高。缺点一是建造成本较高，二是如果砖墙内的填土压实度差，会在墙体顶部形成空腔，降低墙体的保温效果。表 1－2 列出的两种跨度日光温室规格，结构分别参考了河北省地方标准“农大Ⅲ型、农大Ⅳ型日光温室建造技术规程”中的农大Ⅳ-8 型和农大Ⅳ-9 型，参数略作了调整。

表 1－2　冬用型砖土复合墙日光温室规格

项目		规格		备注
内跨		8m	9m	
脊高		4.25m	4.8m	9m 温室后坡下设 1 排立柱
后墙	内高	3.1m	3.5m	
	外高	3.0m	3.4m	
后坡水平投影		1.14m	1.26m	后坡仰角 40°
温室间距		7m	8m	
栽培床挖深		0.5～0.7m		安次区等地下水位高的地域不下挖
后墙厚度	顶部	1.6m		组成为“内外 24cm 砖墙，中间夹土”
	底部	2.3m		
山墙厚度		1.6m		组成为“内外 24cm 砖墙，中间夹土”
骨架		全钢架：上弦≥6 分管；下弦≥4 分管或直径 1.2cm 钢筋；拉花≥直径 1.0cm 钢筋；拉杆≥4 分管无立柱钢竹骨架：钢架间隔 2.4m 左右		

2. 建造方法

砖土复合墙温室前屋面采用全钢骨架或钢竹混合骨架，内部不需要立柱，或者只在后坡下设1排中柱，在建造过程除了埋设立柱的数量减少以外，还有拉杆设置等方面的区别，下面主要介绍与竹木结构日光温室存在差异的建造技术，相同的方法不再赘述，可参考土墙温室建造方法。

（1）焊钢架。按照预先设计好的骨架形状，采用选定的钢材先制作出一架或几架标准骨架，再做一到几个固定标准骨架的模具，即在平地上按照骨架形状埋设两排0.8m高的钢管（Φ≥26.8），把标准骨架固定在上面。以后把做骨架的钢材拿到模具上，依照标准骨架的形状造型、焊接，确保所有骨架上弦和下弦的弧度、腹杆的倾斜角度一致。

焊接骨架时一般分工明确，有人专门负责按照设计好的规格将钢材截短，有人专门焊接，温室上骨架之前提前涂防锈漆。

（2）建造墙体。为了保证墙体坚固，需开沟砌墙基。墙基深度一般应距离原地面40～50cm，挖宽100cm的沟。填入10～15cm厚的掺有石灰的二合土，夯实。然后用石头（或砖）砌垒。当墙基砌到地面以上时，为了防止土壤水分沿墙体上返，需在墙基上铺两层油毡纸或0.1mm厚的塑料薄膜。

建造复合砖墙时，内、外两侧墙体之间每隔2.4～3m砌12cm或24cm宽的拉墙，连接内外墙，也可用预制水泥板拉连，以使墙体坚固。砖墙内设计有隔热填充物时，要随砌墙，随往空心内填充隔热材料。墙体宽度因填充的隔热材料不同而异。

两面砖墙内填干土的复合砖墙，内、外侧均为24cm的砖墙，中间填干土，我们设计的农大Ⅳ型温室墙体中间夹干土厚度1.2～1.8m，需要注意的是随砌墙随填土，并尽量压实，最好在春季建造，在中间的填土层尽量沉实后再封顶，避免过早封顶造成复合砖墙顶部因土层下沉而空心，进而影响墙体的保温效果。

（3）固定拱架。

①埋设后墙顶部的地锚钢丝

在后墙墙顶的中部沿东西方向拉一条粗钢丝，并打地锚。

②上钢架：需几个人合力或用机械将钢架拉上预定位置，然后，一人将钢架固定在后墙顶部的水泥顶圈梁上，防止倒伏。另一人将钢架固定在前屋面底脚处的水泥底圈梁上，还应同时矫正好钢架的上下方向，要求上下焊点对正。

为了增强日光温室的抗压力，可在后坡下设一排中柱。在埋设立柱前，需要先回填表土、平整棚底地面，浇水沉实。按照有立柱日光温室的立柱埋设方法，将中柱安装好后，便可上钢架。

钢架上端固定在地锚线上以后，由一人站在大棚后墙顶部再将钢架在屋脊处的拐角上弦固定在中柱顶部，留意铁丝头要向下弯，以避免扎破后坡上的薄膜。也可在全钢架温室屋脊处焊接纵向粗钢管（Φ50）或角铁作为脊檩，连接稳定所有钢架，立柱顶部可焊接在钢架上弦上，也可焊接在粗钢管或角铁脊檩上。将合适规格的拉杆与骨架上弦焊接固定，骨架连成一个稳定的整体。

无立柱温室遇到大雪可能存在塌棚的风险，为了稳妥起见，可在前屋面下方设 1 ~2 排活动立柱，以防大雪压垮温室前屋面。

（4）固定拉杆或棚面钢丝。一般全钢架日光温室采用钢管（Φ26. 8）作为纵向拉杆连接稳定钢架，一般拉杆间距 1. 5 ~2m，支撑后坡的骨架部分设 1 ~2 根拉杆。拉杆一定要焊接在钢架的下弦上，用钢筋（Φ10）采用三角形焊接法固定。如果拉杆固定在上弦上，棚膜上的压膜线无法下压绷紧棚膜，春季和冬季的多风天气容易发生掀棚，棚顶的雨水和雪水也不容易流下来而形成水兜。

高跨比合理的温室前屋面角度大，雨水可顺棚面顺利排下来，近年来生产上建造的部分全钢架温室前屋面角偏小，顶部较平，为了避免积水形成大水兜，可在前屋面钢架近屋脊处也铺设

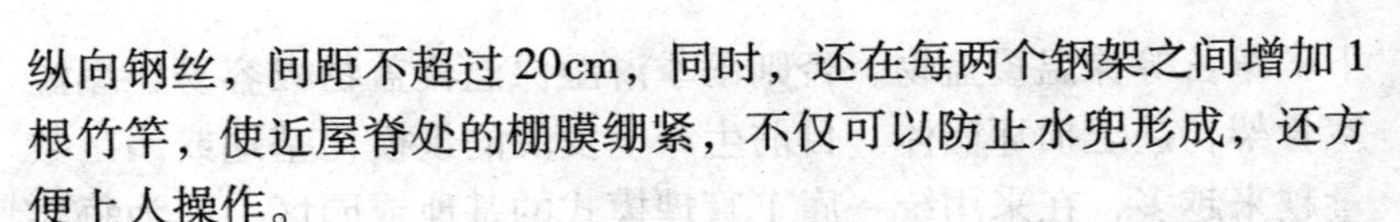

纵向钢丝，间距不超过20cm，同时，还在每两个钢架之间增加1根竹竿，使近屋脊处的棚膜绷紧，不仅可以防止水兜形成，还方便上人操作。

全钢架温室后坡下方不设坨柱，全靠延伸到后墙上的骨架支撑后坡，由于目前的后坡多采用薄膜裹草苫等隔热物再盖防寒土的结构，后坡材料本身缺乏刚度，因此为了增加骨架对后坡的承重力，可在后坡下的骨架上弦上固定多道纵向钢丝，钢丝间距5~8cm，用细铁丝把纵向钢丝与骨架上弦捆绑固定。

钢竹混合骨架无立柱日光温室，采用纵向钢丝连接固定骨架，与有立柱温室相比，无立柱温室的棚面钢丝要增加密度以提高其抗压能力。一般靠近屋脊的顶膜下的钢丝分布距离为15cm左右，由于白天温室的草苫等覆盖物卷起后，均集中卷放在此处，所以此处的钢丝间距比棚面中部和前部的钢丝间距（20~30cm）要小。棚面每道钢丝均要用铁丝固定在所有钢架上，以此来增强钢架的坚固性。前屋面底脚处多拉一条钢丝，用于夹固撑膜的竹竿。

（5）固定撑膜竹竿。钢竹骨架温室需要固定竹竿，参考廊坊40改进型日光温室的建造方法。

（6）上后坡。无立柱日光温室要求后坡给骨架的压力要小，一般后坡仰角不低于40°，且后坡不能覆盖预制水泥板等偏重的材料，覆盖草苫、聚苯板等轻型保温隔热材料利于减轻骨架荷载。冬季温度不太寒冷的地区可适当缩小后坡宽度。

砖墙温室或复合砖墙温室突出的优点是墙体坚固，如果后坡下有中柱支撑，也可采用其他结构的后坡，如后坡由内到外依次为预制水泥板、炉渣（或蛭石、旧草苫等）、聚苯板、毛毡等，最外层用水泥抹面防雨雪渗漏。厚度可达50~60cm。

（7）覆膜和安装稻草苫等。参考有立柱日光温室的方法。

无立柱温室承重力有限，因此在春季温度升高后必须及时撤下稻草苫等保温覆盖物，否则雨季淋湿保温覆盖物极容易压塌温室骨架，甚至损坏墙体。目前生产上发展的规模化基地或园区数量越来越多，在采用统一雇工管理模式的基地或园区，因为每年春末夏初撤草苫和秋末初冬上草苫用工较多，为了减少这项用工成本，也可以在后坡下面增设中柱以增加支撑力，到时候把闲置的草苫或保温被等覆盖物卷放到有立柱支撑的坡顶放置，还要用薄膜包裹严密，雨季还要经常检查盖苫的薄膜，避免漏雨。

（三）聚苯乙烯泡沫保温砖墙温室

1. 结构规格

聚苯乙烯泡沫保温砖是由工厂将聚苯乙烯发泡成型形成空心砖，砖与砖之间可进行插接连接，现场组装造墙，速度快，材料浪费少；温室墙体承重的水泥框架现场填充到空心砖内，不占用墙体外部空间，墙体外观美观。白色的聚苯乙烯泡沫材料还可反射光，增加温室后墙附近区域的光照强度。

聚苯乙烯泡沫保温砖墙温室一般跨度 8m，后墙内部高度 3.3，脊高 4m，后坡水平投影 1.1，后坡长 1.6m，仰角 40℃（图 1－2）。温室骨架为全钢架，钢架规格同土墙温室。后坡覆盖具有一定强度的聚苯乙烯泡沫板。室内无立柱。墙体厚度 24cm，每隔 3～4m 左右设 1 个 37cm 厚墙垛，墙垛内埋设钢筋，以增加墙体的稳定性。

2. 建造要点

聚苯乙烯泡沫保温砖墙温室与其他温室的主要区别在于墙体。这里只介绍温室主体建设，覆膜参考其他墙体温室。

（1）墙体建造。按照设计长度放线、挖地基，墙体基础 60cm 深，由下往上依次用黏土砖建造 50 墙和 37 墙作为墙体基础，砌基础时在设置墙垛的位置预留出埋设钢筋的缺口。在墙基上先码砌空心保温砖，当后墙高度在 1m 左右时绑扎埋设墙垛固定钢筋，山墙根据需要在适宜的高度绑扎埋设墙垛固定钢筋。墙

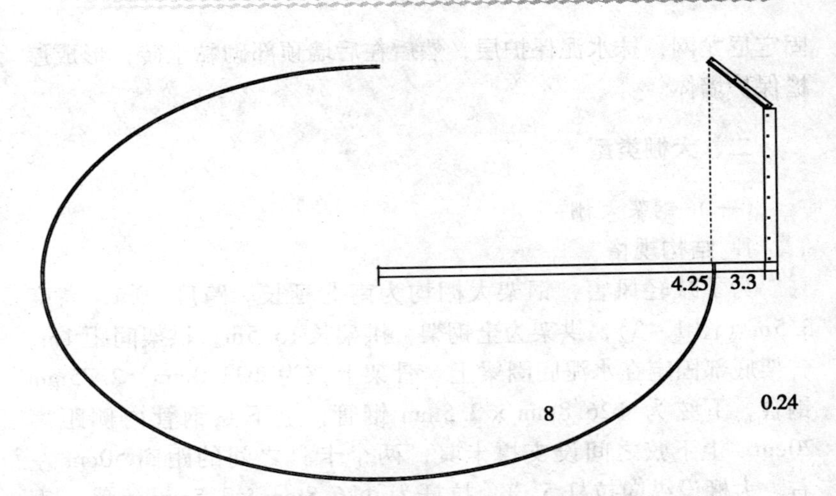

图1－2　聚苯乙烯泡沫保温砖墙温室剖面图（单位：m）

体达到预定高度后向保温砖中间填充水泥，并用钢筋纵向连接顶部两层泡沫砖，横向连接顶层泡沫砖。山墙达到高度后还要切割成拱架形状，并在两侧山墙顶部分别固定1道压膜槽，用于固定棚膜两侧。

（2）安装拱架。根据1m的间隔安装钢架，将预先焊接好的钢架顶部安装在后墙顶部，固定在保温砖中间填充的水泥内；底部安装在前屋面底角处，用水泥底圈梁埋设固定。在屋脊处用1道纵向角铁连接固定所有钢架上弦外侧，稳定骨架，并调整钢架在1个水平上，确保棚面平整；安装时要求钢架上下对正，避免今后在使用中受力不均引起变形。在紧邻屋脊角铁处的前屋面骨架上弦上，纵向固定1道压膜槽。用于固定顶部棚膜。

（3）上后坡。在后坡钢架中间位置上弦外侧焊接1～5cm宽扁钢，连接稳定后坡钢架，上面覆盖7～10cm厚高强度聚苯乙烯泡沫板。

（4）设置外保护层。上好后坡后，在墙体外侧和后坡外侧固定尼龙网，抹水泥保护层，然后在后墙顶部砌黏土砖，形成屋檐保护墙体。

二、大棚类型

（一）钢架大棚

1. 结构规格

为了减轻风害，钢架大棚均为南北延长。跨度 10m，高度 3.5m（图 1－3），拱架为全钢架，拱架长 13.5m，拱架间距 1m，骨架底部固定在水泥底圈梁上。骨架上弦为 Φ32.0mm × 2.75mm 钢管，下弦为 Φ26.8mm × 2.5mm 钢管，上下弦钢管内侧距离 20cm。上下弦之间设支撑卡具，两个卡具之间的距离 50cm 左右。大棚设纵向拉杆 5 道，拉杆为 Φ26.8mm × 2.5mm 钢管。钢架底部用水泥柱墩或圈梁固定，圈梁规格为宽 25cm，厚 25cm，长度同大棚长度。

棚面覆盖聚乙烯双防膜，上面每两个拱架之间设 1 道钢芯聚丙烯压膜线，配合风口处、棚头立柱上的压膜槽固定棚膜。为了增强防风性能，扣膜后还要在棚面上每隔 10m 跨棚固定 1 幅白色防虫网，每道防虫网幅宽 80cm，配合压膜线和卡槽固定棚膜。

大棚两侧距地面 80cm 高出留腰部通风口，顶部偏东 1.6m 处留顶风口。风口宽度均为 80cm。

2. 建造方法

（1）基础施工。确定好建设地点后，用水平仪材料测量地块高低，将最高点一夹角定位为 ±0.000，平整场地，确定大棚四周轴线。沿大棚四周以轴线为中心平整出宽 50cm、深 10cm 基槽。夯实找平，按拱竿间距垂直取洞，洞深 45cm，待拱架调整到位后插入拱竿。拱架全部安装完毕，调整均匀、水平后，每个拱架下端做 0.25m × 0.25m × 0.25m 独立混凝土基础即柱墩，也可做成 25cm 宽、25cm 高的条形基础即圈梁；混凝土基础上每隔

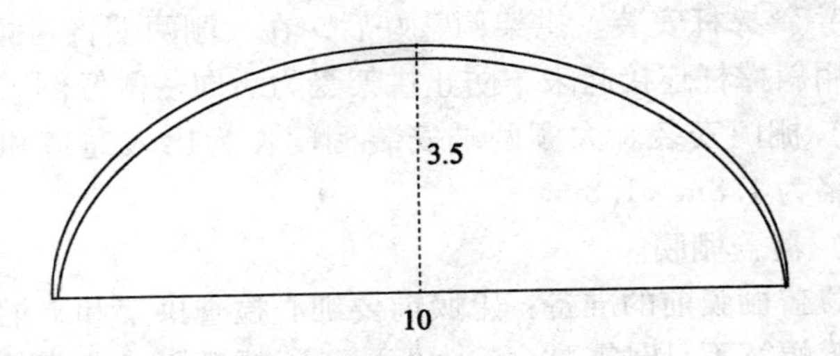

图 1－3　钢架大棚剖面图（单位：m）

0. 8～1m 预埋压膜线挂钩。

（2）拱架施工。

①加工场所：拱架采用工厂加工或现场加工，塑料大棚生产厂商生产设备专业，生产出的大棚拱架弧形及尺寸一致；若现场加工，需在地面放样，根据放样的弧形加工钢管。

②拱竿连接：在材料堆放地点就近找出 10m×20m 水平场地一块，水平对称放置 2 个钢管拱竿，中间插入拱竿连接件，用螺丝连接成拱架。

③拱架安装：将连接好的拱架沿根部画 40cm 标记线，两人同时均匀用力，自然取拱度，插入基础洞中，40cm 标记线与洞口平齐。拱架间距 0. 8～1m，春秋季节大风天气较多地区拱架间距取下限，风力较小地区拱架间距取上限。

（3）横拉杆安装。全部拱架安装到位后，用端头卡及弹簧卡连接顶部一道横拉杆。横拉杆连接完成后，进行第一次拱架调整，达到顶部及腰部平直。第一次调整后，安装第二道横拉杆，完成后再进行调整；依次安装第三道横拉杆。横拉杆安装完成后，主体拱架应定型。

如果整体平整度目测有变形，应多次进行调整，局部变形较大应重新拆装，直到达到安装要求。

（4）斜撑杆安装。拱架调整好后，在大棚两端将两侧3个拱架分别用斜撑杆连接起来，防止拱架受力后向一侧倾倒。

（5）棚门安装。大棚两端安装棚门作为出入通道和用于通风，规格为1.8m×1.8m。

（6）覆盖棚膜。

①覆盖棚膜前的准备：上膜前要细心检查拱架和卡槽的平整度。薄膜幅宽不足时需黏合，大棚覆盖4幅棚膜，棚膜长度应大于棚长7.5m，以覆盖两端。两侧的裙膜宽度均为1m，顶膜中东侧的1幅宽度4.55m，西边1幅7.95m。黏合薄膜可用黏膜机或电熨斗进行，一般PVC膜黏合温度130℃，EVA及PE膜黏合温度110℃，接缝宽4cm。黏合前须分清膜的正反面。黏接要均匀，接缝要牢固而平展。也可用薄膜专用胶水黏合。

②覆盖棚膜：上膜要在无风的晴天中午进行。上膜时应分清棚膜正反面，先固定两侧的裙膜，裙膜顶部用卡槽和卡簧固定在拱杆距地面80cm处，剩余的20cm宽裙膜底部埋入土中。顶膜先上东侧的一幅，把薄膜在棚面上绷紧，并将顶部固定在顶部防风口下侧（距顶部1.6m）的卡槽上。然后上西侧的顶膜，保薄膜的东边一侧用卷膜器的卷杆均匀卷起20cm，将卷膜器的卷杆置于顶部风口东侧的下口位置，薄膜另一侧盖过脊部搭在西侧的裙膜上，将薄膜全部铺展并绷紧，固定于西侧据顶部1.6m处的纵向卡槽内；顶膜在大棚两头卡在两端面的卡槽内，下端埋于土中。

（7）腰部通风口设置。腰部通风口设在拱架两侧距地面80cm高处，宽度0.8m。腰部通风口采用上膜压下膜扒缝通风方式。选用卷膜器通风口时，卷膜器安装在顶膜的下端，向上摇动卷轴通风。

用卷膜器通风时，用卡箍将棚膜下端固定于卷轴上，每隔0.8m卡一个卡箍，摇动卷膜器摇把，可直接卷放通风口。

（8）覆盖防虫网。在大棚的放风口及棚门位置安装。通风口防虫网安装：截取与大棚室等长的防虫网，宽度1m，防虫网上下两面固定于卡槽内，两端固定在大棚两端卡槽上。

（9）绑压膜线。棚膜及通风口安装好后，用压膜线压紧棚膜，每两个拱架之间设1根压膜线，底部固定在混凝土基础预埋挂钩上。

（二）竹木水泥大棚

1. 结构规格

（1）骨架。竹木大棚高度2.2m，跨度10m，肩高1m。走向以南北向为宜，如地形不允许也可东西延长。两排大棚纵向间隔1.2~1.5m。大规模建造大棚时需要规划道路和水电等设施，一般主路宽4m，支路宽3m，灌溉水道或水管与道路平行。

大棚纵向每隔1.5m设1排水泥立柱（规格见图1－4），每排立柱7根，每排立柱上方固定1道粗竹竿拱竿，每道拱竿用四根长竹竿连接而成。距离立柱顶部30cm处用粗竹竿纵向连接，将立柱连成整体。

立柱底部用砖或石头做柱脚，防止立柱下沉。

大棚外部两侧地下埋地锚或地锚铁丝，用于固定压膜铁丝。

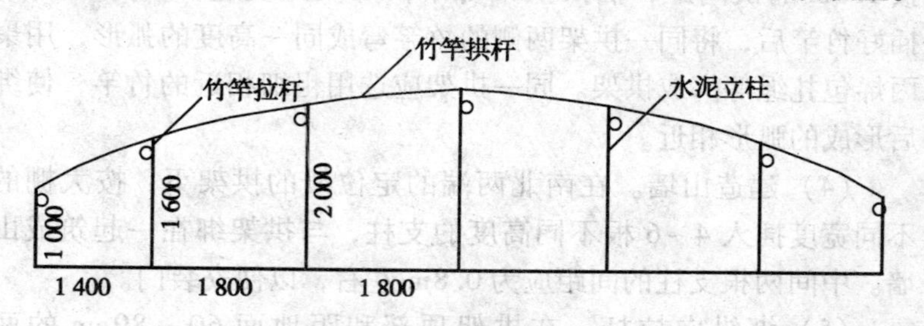

图1－4　竹木骨架塑料大棚剖面图（单位：mm）

（2）薄膜。覆盖聚乙烯薄膜，盖四幅薄膜为好，留顶部和两侧腰部三道通风口。

覆膜后，在每道拱杆上方压细竹竿1道，竹竿固定在拱杆上，每两道拱杆间压1道铅丝固定薄膜，铅丝固定在棚两侧的地锚或地锚铁丝上。

大棚两侧留门，低温季节只开南门。

2. 建造方法

建棚前应准备好拱架、纵向拉杆、立柱和门的材料。拱架宜用中部直径1.5～2cm、长3～5mm的竹竿；纵向拉杆宜用直径2～2.5cm、长4～6m的竹竿，立柱宜用3cm以上的粗竹竿或水泥立柱（截面为10cm见方）；门选用竹竿。建棚步骤是：

（1）定位放样。先按照大棚的宽度和长度，确定大棚的四个角的位置，打下定位桩，桩与桩之间拉上定位线，夯实插立柱、插拱杆位置的地基。

（2）插立柱。按照设计的间距埋设立柱，立柱底部垫1块整砖或半砖，防止下沉。立柱插好后用土埋实，在距顶部20～30cm处纵向绑拉杆。

（3）插绑拱架。沿大棚东西两侧的定位线，从一端开始，按1.5m的拱间距，插入拱架竹竿，插入深度应在40cm以上，插好竹竿后，将同一拱架两侧的竹竿弯成同一高度的弧形，用聚丙烯包扎绳等绑成拱架。同一拱架应选用粗细相近的竹竿，使绑后形成的弧形相近。

（4）建造山墙。在南北两端的定位线的拱架下，按大棚的不同宽度插入4～6根不同高度的支柱，与拱架绑在一起筑成山墙。中间两根支柱的间距应为0.8m左右，以便安装门。

（5）绑纵向拉杆。在拱架顶部和距地面60～80cm的两侧，沿长度方向，对称绑上3道纵向拉杆，绑时拱架之间应保持原有距离，并尽量绑牢，使拱架不前后滑动，提高大棚的牢固性。

（三）青县超大棚

1. 结构规格

（1）结构特点。青县超大棚采用全竹结构（图1-5），大棚南北方向长80～100m，东西方向跨度35～80m，由3～4栋南北方向延长的单栋大棚连接而成，其实是简易连栋大棚。大棚外侧的PE薄膜和内侧覆盖的两层普通地膜，形成三膜覆盖，在当地2月上旬棚内平均气温和10cm地温分别达到14.3℃和13℃，可定植喜温性果菜，3月中旬和下旬先后撤去内覆盖的两层保温膜，4月上旬采收至6月，秋茬收获期可延后到12月。超大棚土地利用率达94%以上，建造简易，投入低，一般每亩（1亩≈667m²。全书同）建造成本约1万元。主要种植黄瓜、越瓜、甜瓜等瓜类蔬菜，结合高效生产配套技术，每亩年效益在15 000元以上。

图1-5　青县超大棚骨架结构

（2）单栋大棚结构。单栋大棚的结构为“三杆二柱二丝一压一钩”，其中，三杆为拱竿、纵向拉杆和横向拉杆，二柱为竹竿立柱和防止立柱下沉的水泥基础柱，二丝为纵向拉杆和横向拉杆上设置的两道钢丝，用来架设幅宽 2m 的地膜进行多层幕覆盖。一压为压膜线，一钩是为了固定棚膜，在压膜线与拉杆之间吊挂的铁丝沟。立柱、拉杆和拱竿均采用竹竿。

单栋大棚跨度约 20 ~ 30m，每单栋大棚最高点 2.6 ~ 3.2m，大棚肩高 1.5 ~ 1.8m，南北向立柱间距 1.1 ~ 1.2m，东西向立柱行间距 2.0 左右。每架东西向拱杆下方都设 1 排立柱，距立柱顶端 30cm 处设 1 道纵向拉杆，在纵向拉杆上方横向每隔 50cm 拉 1 道钢丝；在纵向拉杆下方 20cm 处设 1 道横向拉杆，在横向拉杆上方横向每隔 50cm 也拉 1 道钢丝。钢丝即可用于吊蔓，也可在上方覆盖保温地膜。如果单棚脊高较低，则横纵拉杆就都相邻固定在距立柱顶部 30cm 处，一道钢丝固定在距离立柱顶部 15cm 处，另一道钢丝固定在拉杆上方。

青县大棚跨度大，湿度不易排放，为了降低空气湿度，通常采取增加放风口（棚膜 6 ~ 7m 一幅，两幅棚膜之间一个放风口)、地膜覆盖、浇水后升温放风排湿等措施。

（3）单栋大棚的连接。一般青县的超大棚由 3 ~4 栋单栋大棚连在一起，两栋单棚连接处用水泥立柱支撑，并在水泥立柱旁边挖 1 条深 0.2m、宽 0.3m 的排水沟。棚膜的固定方式与单棚固定方式相同，也可在两棚连接处多加 1 道压膜槽固定棚膜。

（4）多层薄膜保温覆盖。在超大棚早春生产中多数覆盖三层薄膜，外层覆盖 0.1mm 厚的防雾滴 PE 薄膜，在纵向拉杆与横向拉杆上方的钢丝上，分别覆盖两层普通地膜用于保温，形成三膜覆盖。两层内保温膜分别采取东西向和南北向铺设，同时在大棚四周的内侧相应增设两层垂直内覆盖保温薄膜，该位置的两层内保温膜之间距离保持 10 ~ 15cm。

2. 建造方法

（1）定位放样。

①确定棚向和间距：棚向为南北向。建立大棚群时，应使东西方向棚间距达到 1.2 ~ 1.5m，南北方向两排大棚的棚头距离 4 ~ 5m，有利运输和通风，避免遮阴。

②放样：在地势开阔、非风口的地方，按照设计好的大棚长、宽尺寸确定大棚四个角，用勾股弦定律使四个角均成直角后打下定位桩，在定位桩之间拉好定位线，最好用水平仪矫正，使地基在一个平面上，以保持拱架的平整度。然后沿大棚的定位线将插竹竿立柱的位置撒上石灰，将立柱地基铲平夯实，东西两边的立柱距离棚边 1m。将大棚东西两侧插拱杆的地基也夯实。

（2）插绑拱架。

①插立柱：选择小头直径 5 ~ 6cm 的毛竹，在距离顶部 30cm 处和 50cm 处打孔，以备固定拉杆用。按照事先确定的位置埋设立柱，其中，每根竹竿立柱底部绑定 1 根 80cm 长的水泥基础立柱（截面 5 ~ 6cm 见方），防止竹竿下沉。竹竿和水泥基础立柱埋入地下 50cm 深，有条件的可在竹竿入土部分涂上沥青防腐。

②插拱架：拱杆选用新砍的青竹，要求中部直径 2.5 ~ 3cm，上下粗细均匀，为使拱架两侧肩高一致，同一拱架的两根竹子新旧、粗细应尽量相同。沿大棚两侧的定位线，从一端向另一端按立柱间距将作拱杆的青竹基部逐一垂直插入土中，竹竿大头朝下，入土 40cm 深（入土部分也可涂沥青防腐），然后填土踏实，另一侧按同样方法插好，再将同一拱架两侧的竹竿按统一高度标准弯成弧形，相邻的竹竿对接，并用布条或包装绳顺一定方向包扎，使青竹两头包裹在其中，形成完整的拱架。

③绑拉杆：拉杆与拱架用料相同。在据立柱顶部 30cm 处，沿南北向即长度方向绑纵向拉杆，再在距离立柱顶部 50cm 处，固定东西向横向拉杆。拉杆尽量绑牢，使立柱不前后滑动。为提

高大棚牢固性，还可在棚内四周的每根拱架基部和相邻的立柱顶部，斜向架设1根竹竿支撑。在大棚东西两侧的拱架上固定1道纵向拉杆，位于棚肩与地面中间。

④建棚头和棚门：将南北两端的拱架与支柱绑在一起形成棚头。在背风处棚头中部设门，门宽0.7m，高1.3～1.5m。为减轻风对膜的损坏，迎风的棚头可采用逐步降低棚架高度的办法过渡。

（3）盖大棚膜。在早春定植前1个月提前覆盖棚膜烤地，青县超大棚需要覆盖5～6幅棚膜，每幅薄膜幅宽均为6～7m。覆膜过程如下。

①埋地锚：在大棚东西两侧，每相邻两道拱架中间各埋一个地锚，具体方法是：用粗铁丝捆2块整砖，沿边线埋入土中80cm深，上面留一个环用来固定压膜线。

②固定边膜：大棚东西两侧覆盖的边膜幅宽6～7m，长度为“南北向大棚长+2倍棚高+40cm”。将边膜的一边卷入麻绳或尼龙绳，用电熨斗等烙合成小筒，或用薄膜专用胶水黏成小筒，盖在棚架两侧，在大棚南北两端将膜内的拉绳拉紧后固定在棚头上，中间用细铁丝将拉绳固定在拱架上，在插拱架的边路开深10cm浅沟，将边膜底部20cm宽的薄膜埋入沟中踩实。

③固定顶膜：超大棚的顶膜由3～4幅薄膜组成长度同边膜，在无风条件下上顶膜。顶膜两头绷紧后用铁丝固定在棚头立柱上。上好顶膜后用8号铅丝作为压膜线固定棚膜，压膜线必须贴棚膜拉紧，压膜线下端牢固固定在大棚两侧的地锚上，使棚膜和压膜线形成一个拱形的刚性结构。

④装门：将门口处的薄膜切开，上边卷入门口上框，两边卷入门边框，用木条钉住，门用竹木或钢管作框，绷上薄膜，再用粗铁丝固定在门框的一边。

（4）绑钢丝和上保温膜。棚膜改好后绑钢丝，分别在纵向

拉杆和横向拉杆上方按照 50cm 间距固定钢丝，钢丝与立柱和拉杆绑紧。

保温膜搭在钢丝上，两层保温膜均采用普通地膜，幅宽 2m 左右，每两幅地膜间用嫁接夹夹紧密封。大棚四周的两层保温膜下端间隔 10cm，底部埋入土中。

（5）棚内地面利用。一般南北向两排立柱间做一个畦，畦宽 2m，定植两行黄瓜等果菜。中间过道与两边过道各宽 30～40cm。

第二章　主栽蔬菜栽培管理技术

第一节　无公害大白菜高产栽培技术（保护地或露地）

白菜原产于我国北方，是十字花科芸薹属叶用蔬菜，通常指大白菜；白菜是人们生活中不可缺少的一种重要蔬菜，味道鲜美可口，营养丰富，素有“菜中之王”的美称，为广大群众所喜爱。栽培面积和消费量在中国居各类蔬菜之首。目前，大白菜在廊坊已经实现周年生产。不同季节不同栽培模式下种植的种类和栽培技术各不相同。

一、茬口安排

1. 早春大白菜

冬春育苗，春定植，春夏收获。

2. 秋大白菜

夏季育苗，夏秋定植，秋冬收获。

二、品种选择

1. 早春大白菜

选用抗逆性强、耐抽薹、抗病、丰产、商品性好的早熟品种，如强势、强春、春健王、金峰等品种。

2. 秋大白菜

选用抗病、丰产、抗逆性强、商品性好的品种，如贵龙 5 号、北京新 3 号等品种。

三、育苗

1. 育苗设施：日光温室

2. 育苗方式

根据栽培季节和方式，可在日光温室和露地育苗。有条件的可采用工厂化育苗，秋露地育苗要有防雨、防虫、遮阴设施。

3. 播种

采用塑料大棚加小拱棚栽培的在1月下旬播种；采用中小拱棚、地沟拉膜栽培的在1月底2月初播种。秋露地大白菜7月下旬8月初播种。

表2－1　不同栽培方式大白菜茬口安排

栽培方式	适宜品种	育苗方式	播种期	定植期	收获期
塑料大棚内加设小拱棚	强势、春健王、金峰	日光温室	1月下旬	2月下旬	4月下旬至5月初
地沟拉膜	强势	简易温室	1月底2月初	2月底3月初	5月上旬
中小拱棚	强势	简易温室	1月底2月初	3月上旬	5月中旬
秋露地	贵龙5号、北京新3号	露地	7月下旬8月初	8月中旬	9月下旬至11月上旬

4. 壮苗标准

植株健壮，4～5片叶，根系发达，无病虫害。春播大白菜的苗龄为30天左右。

四、栽培设施

（1）塑料大棚：矢高2.5～3m，跨度大于6m，长度不限。

（2）中小棚：矢高0.5～1m，跨度1～6m，长度不限。

（3）地沟拉膜：栽培沟深25～30cm，沟宽2～2.1m，长度不限。

近两年，由于地沟栽培比塑料大棚、中小拱棚栽培省工、成本低、温度高、上市早，逐渐被菜农接受，有逐步代替塑料大棚、中小拱棚之势。

五、定植及定植后管理

1. 整地施肥

结合整地，亩施优质有机肥 3 000 ~ 4 000kg，硫酸钾复合肥 50kg。塑料大棚和中小拱棚内平畦栽培；地沟拉膜白菜采用 25 ~ 30cm 深地沟栽培，秋茬菜拉秧后翻地，定植前做地沟，沟埂距 2 ~ 2.1m，每沟栽 3 行。

2. 定植及定植后管理

株距 40 ~ 45cm，行距 50cm，亩栽 3 000 ~ 3 500 株。栽后浇水，定植 3 天后浇缓苗水，盖拱膜。地沟栽培的定植后先拉膜，然后浇水。白天保持 20 ~ 25℃，夜间 13 ~ 15℃，气温超过 25℃放风。塑料大棚栽培的，3 月中旬撤掉棚内小拱棚；地沟拉膜栽培的，4 月上中旬掀掉地膜。

肥水管理，莲座期以肥水齐促，结球期相对施钾肥多一些，氮肥次之，磷肥最少。一般亩施硫酸钾复合肥 20 ~ 25kg，尿素 10 ~ 15kg，采收前 10d 亩施用速效生物肥 10kg 后停止浇水施肥。

六、病虫害防治

（1）病害主要有霜霉病、软腐病、黑腐病、炭疽病等。霜霉病，可于发病初期喷施百菌清、普力克、杀毒矾等药剂防治。软腐病和黑腐病可用 72% 农用硫酸链霉素或 77% 氢氧化铜喷雾防治。炭疽病可用世高（10% 苯醚甲环唑）水分散粒剂、阿米多彩（560g/L 嘧菌 · 百菌清）悬浮剂喷雾防治。

（2）虫害主要有蚜虫、小菜蛾和菜青虫。蚜虫可用吡虫啉、阿米泰等药剂防治或用黄板诱杀。小菜蛾和菜青虫可用 Bt 乳剂、

帕力特（240g/L 虫螨腈）悬浮剂、艾绿士（60g/L 乙基多杀菌素）悬浮剂、杜邦普尊（5% 氯虫苯甲酰胺）悬浮剂、敌杀死（25g/L 溴氰菊酯）乳油等药剂防治，也可用性诱剂诱捕器捕杀。

七、适时采收

大白菜包心较紧实后，根据植株长势和市场需求，及时采收上市，以获得较好的经济效益。

第二节　油菜栽培管理技术（保护地或露地）

油菜耐寒性强，生长周期短，生产管理比较简单，栽培方式多样，可以利用日光温室与其他叶菜类轮作多茬生产，也可以与番茄等高秆蔬菜进行间作或套种，或利用空闲地进行生产。具体栽培技术如下。

一、茬口安排

前茬要求为非十字花科作物，保护地种植油菜茬口没有严格要求，根据上市期、与下茬作物的接茬时间或温室空闲时间可常年安排生产。

二、品种选择

选用抗病、抗逆性强、适应性广、优质丰产、贮藏性佳、商品性好的品种。一般株高 30cm 左右，单株重 0. 4kg，亩产量可达 3 000kg，如五月慢、四月慢、矮萁青等。

三、育苗

保护地进行多茬生产，为了充分利用土地，搞好茬口衔接，可以采取育苗栽培方式。

1. 种子处理

用20～30℃温水浸泡2～3h，种子捞出后放在15～20℃环境下催芽，24h可出齐。

播种前可用种子重量0.3%的50%福美双可湿性粉剂拌种，预防黑斑病、炭疽病。

2. 播种育苗

育苗畦按照每平方米用过筛腐熟农家肥10kg、磷酸二铵50g撒匀，浅翻、搂平，浇足底水，每平方米播种20～25g，覆土1cm，每亩需用苗床45～50m²。

3. 播种后管理

出苗前温度保持20～25℃，出苗后白天15～20℃，夜间10℃以上，出苗后加强苗床管理，及时间苗，第3片真叶时进行定苗。出现第4片真叶后，每亩用腐熟人畜粪适量对水泼施。定植前一周降温控水，进行炼苗。

四、定植及定植后管理

1. 定植

选择前茬作物为非十字花科的蔬菜地块，整地时每亩一次性施入腐熟农家肥3 000～3 500kg、磷酸二铵30～40kg作为底肥，要求墒面平整，做成1m宽的畦，畦内按15～18cm行距开沟，播后30～40d，长有3～4片真叶时定植，株距15cm，亩栽30 000株左右，栽后浇小水。

2. 肥水管理

定植后保温，白天25℃，夜间10℃，促进缓苗，缓苗后，白天20～25℃，超过25℃要及时放风，夜间在5～10℃。冬季栽培由于温度低，放风量小，要适当控制浇水，以防病害发生。缓苗后10d左右进行浇水施肥，亩追施硫酸铵15～20kg，收获前15d，再随水追施一次。

3. 中耕除草

植株封行前，进行中耕 1 ~ 2 次，深度为 4 ~ 6cm，促进根系生长。结合中耕，及时铲除杂草和摘除病虫叶。禁止使用化学除草剂除草。

五、病虫害防治

油菜的主要病害有霜霉病，虫害主要有蚜虫、菜青虫、小菜蛾等。主要防治技术与方法如下。

1. 病害防治

霜霉病：发病初期及时用药喷雾防治，可用 75% 百菌清可湿性粉剂 500 倍液，或 66.5% 霜霉威（普力克）水剂 600 倍液，或 58% 甲霜灵锰锌可湿性粉剂 500 倍液，或 64% 杀毒矾可湿性粉剂 500 倍液，7 ~ 10d 1 次，连续防治 2 ~ 3 次。

2. 虫害防治

蚜虫可用 10% 的吡虫啉可湿性粉剂 1 500倍液，或 25% 的阿克泰水分散粒剂 5 000 ~ 10 000倍液喷雾防治。菜青虫、小菜蛾可选用 1.8% 的阿维菌素乳油 3 000倍液喷雾。

第三节　生菜栽培管理技术（保护地或露地）

一、茬口安排

保护地生菜的生产茬口从秋季到第二年初夏均可栽培，主要生产形式为大棚和日光温室。具体茬口安排可依据市场需求，如果供应本地市场，应排开播期陆续采收上市，如果大量外销，播期要达到一致，以便统一外运。生菜的苗龄为 25 ~ 35d，早熟品种定植 40 ~ 50d 即可上市；中熟品种为 60 ~ 70d、晚熟品种为 70 ~ 80d，种植户可依此推算合理安排生产。

二、品种选择

尽量选择优质、丰产、抗逆性强、抗病性好的生菜品种，适合保护地生产的散叶生菜品种主要有玻璃生菜、美国大速生、玻璃翠、日本速生等，结球生菜品种主要有大湖659、皇帝、爽脆等。

三、育苗

1. 苗床育苗

选择疏松、排水良好的土壤做苗床，播种前7~10d整地施肥，整地要细，力求细碎平整。结球生菜种子小，顶土能力弱，播种前需要在20~25℃的条件下进行种子催芽（在夏季可以采用干籽直接播种），每亩用种量在25~30g，播后覆土0.5~1cm。

2. 营养钵或穴盘育苗

采用此法用种量少，苗成活率高，苗壮。由于定植时能够保持根系完好，因此定植后能快速生长，且植株生长较整齐，成熟期集中，结球生菜早包心，结球较紧密，商品率高，稍提早收获。营养土配制比例：园田土：细沙：有机肥=6：2：2，并加入少量硼砂，混匀后装钵。每个营养钵播2~3粒种子，播后要覆盖上一层薄土，淋足水分。穴盘育苗需用育苗基质代替营养土。

3. 苗期管理

播种后4~6d出苗，出苗后，夏秋季育苗为了防晒、保墒和雨季防止暴雨冲刷，可在苗畦上覆盖一层遮阳网。待苗生长健壮后（二叶一心），揭去遮阳网。温度控制在20~25℃，经常保持畦面湿润，35d后可出齐苗。出苗后白天温度控制在18~20℃，夜间在8~10℃。水分保持适度墒情（土壤含水量60%左右），不足时应补水，夏季早、晚浇水，力求凉水凉浇，冬季中午浇

水。如水分过多时，苗床上可撒适量干细土。苗床育苗待长到3片真叶时按行株距8cm×8cm分苗。当生菜苗长到五叶一心，展开度5~6cm，苗龄冬春季40~50d，无病虫害，叶色浓绿即可定植。

四、定植及定植后管理

1. 定植前准备

一是施足底肥。清理干净前茬作物，每亩施入腐熟有机肥3 000kg，蔬菜专用复合肥80kg。二是整地做畦。机械翻耕20~25cm后旋耕平整，作平畦，盖好地膜。

2. 定植

起苗前1天补足水分。选健壮、无病秧苗带土定植，淘汰无心叶劣质苗。用刀在地膜上挖穴植入，培实四周土壤。散叶生菜行株距35cm×30cm，结球生菜行株距40cm×35cm。定植时易浅栽，不能埋住心叶，不能伤及子叶，定植后及时浇水。

3. 定植后肥水管理

定植后，前期保持土壤含水量60%~70%，不足应及时浇水；封行后少浇或不浇水。视苗情结合浇水，结球生菜可每亩追施蔬菜专用复合肥25kg，散叶生菜可每亩追施蔬菜专用复合肥15kg。

五、病虫害防治

常见虫害主要有小菜蛾、菜粉蝶、菜蚜、甜菜夜蛾、斜纹夜蛾、黄条跳甲等；病害主要有霜霉病、灰霉病、软腐病、菌核病等。防治方法分别为。

1. 农业防治

培育适龄壮苗，控制好温度和空气湿度，适宜的肥水，充足的光照，避免侵染性病害发生；及时清洁田园，将老叶、黄叶、病叶及时清除。

2. 物理防治

棚口四周覆盖防虫网，减轻病虫害的发生；在设施内悬挂黄板诱杀蚜虫等害虫；还可以银灰膜驱避蚜虫：铺银灰色地膜或张挂银灰膜膜条避蚜。

3. 化学防治

防治虫害用1.8%阿维菌素乳油2 000～3 000倍液，或10%吡虫啉可湿性粉剂1 500倍液，或4.5%高效氯氰菊酯乳油1 000～1 500倍液叶面喷雾。

防治霜霉病用64%杀毒矾可湿性粉剂，或72%克霜氰可湿性粉剂800～1 000倍喷雾；防治软腐病用72%农用链霉素可溶性粉剂4 000倍液，或77%可杀得可湿性粉剂1 500倍叶面喷雾；防治菌核病和灰霉病用50%速克灵可湿性粉剂800倍液，或50%农利灵干悬浮剂800～1 200倍喷雾。

六、适时采收

当散叶生菜长到单株重0.15～0.35kg，可开始采收。采收时按标准分批采收，用刀从根基部截断。结球生菜一般从定植至采收的天数，早熟种约55d，中熟种约65d，晚熟种75～85d，但以提前几天采收为好。采收标准，可用两手从叶球两旁斜按下，以手感坚实不松为宜。采收时选择叶球紧密的植株自地面割下，剥除老叶，留3～4片外叶保护叶球。

第四节　菠菜栽培管理技术（露地）

菠菜适应性广，耐寒力强，可在露地和保护地广泛栽培，是加茬赶茬的重要蔬菜。利用保护地的上下茬作物接茬的空闲时间，或利用温室空闲地，或与主栽蔬菜进行间作套种，栽培方式

有越冬、春菠菜、夏菠菜、秋菠菜等，可以做到排开播种，产品可在早春及秋冬淡季供应市场。

一、春菠菜栽培技术要点

1. 种植形式

一般为露地栽培。

2. 品种选择和播种期

种植春茬菠菜应选择抽薹迟、叶片肥大的圆叶类型的菠菜品种，如春秋大叶菠菜。早春当土壤表层4～6cm解冻后，就应尽量早播，以“顶凌播种”为好。可在日平均气温上升至4～5℃时播种，一般在3月上旬播种为宜，直到4月中旬。

3. 整地施肥

耕翻地块，耙碎整平。用腐熟圈肥作基肥，每亩用量3 500 kg，同时施入含氮、钾肥为主的复合肥30kg，然后浅耕，做成宽约1.3m的平畦备播。

4. 播种

一般采取撒播的方法，春菠菜的生长期短，植株较小，播种量每亩5～7kg。常采用浸种催芽的方法，先将种子用温水浸泡5～6h，捞出后放在15～20℃的温度下催芽，每天用温水清洗1次，3～4d便可出芽。早春播种时最好采用湿播，先灌足底水，水渗完后撒播种子，然后覆土，厚约1cm。由于畦面有一层疏松的土壤覆盖，既减少了土壤水分的蒸发，又有保温的作用。种子处在比较温暖湿润而且通气良好的环境中，可以较早出苗。

5. 田间管理

春菠菜前期要覆盖塑膜保温，可直接覆盖到畦面上，出苗后即撤除薄膜或改为小拱棚覆盖，小拱棚昼揭夜盖，晴揭雨盖，让幼苗多见光。采取湿播法播种的春菠菜，由于土壤水分充足，一般可以在苗子长出2～3片真叶时浇第一水。从浇第二水时，每亩随水追施尿素15kg，或每亩施氮钾肥20kg，采收前15d停止追肥。浇水根据气候及土壤的湿度状况进行，原则是经常保持土壤湿润。

6. 适时收获

一般播种后40～60d便可采收，5月上中旬就可达到采收标准。

二、棚室越夏菠菜栽培技术

夏季高温多雨，种植菠菜难度很大，但市场销路好，收入非常可观。利用日光温室或大棚夏季闲置时期，用避雨的方法种植，40d左右可收获一茬，亩产量可达2 000kg以上。越夏菠菜主要生产技术措施如下：

1. 保护设施

5～7月期间播种的菠菜都属于越夏菠菜，采取遮阳避雨措施是种植越夏蔬菜的关键。

（1）覆盖遮阳网。可利用日光温室或大棚夏季休闲期，膜上覆盖遮阳网，达到遮阳避雨降温的目的，使用遮阳率60%的遮阳网。安装遮阳网时最好离开棚膜20cm，这样降温效果较好，并卷放方便。在晴天的9：00至16：00的高温时段，将温室、大棚用遮阳网遮盖，防止强光直射，在阴雨天或晴天9：00以前和16：00以后光线弱时，将遮阳网卷起来，这样既可防止强光高温又可让菠菜见到充足的阳光。

（2）使用防虫网。种植越夏蔬菜，蚜虫、飞虱等是传播病毒病的媒介，利用防虫网阻止这些害虫进入大棚，防治病虫害发生。种植前，可在温室或大棚的风口处，加封60～70目的防虫网，这样既不影响透风，又可安全隔绝害虫进入大棚。还应对棚膜进行检查及时修补，以防雨水进入棚中引发病毒病。

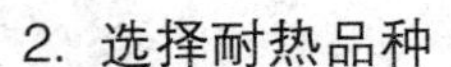

2. 选择耐热品种

目前多选用荷兰 K4、K5、K6、K7 和胜先锋等品种，特点是较耐热抗病、耐抽薹、生长快、产量高。

3. 栽培方式

如果棚室内的土壤为沙壤土，因易下渗或蒸发，可用畦栽的方法，一般做成畦宽 1.5m，行距 12cm、株距 2.5cm，亩用种 1.8kg。

如果棚室内的土壤为黏土，可用起垄栽培的方式，菠菜夏季栽培最怕潮湿，如在畦中栽培易得茎腐病，在垄上栽培叶片基部通风好，不易生病。一般 50cm 起 1 垄，每垄种 2 行，穴距 5cm，每穴点 2 粒，一般亩用种 1kg 左右。

4. 肥水管理

菠菜喜肥沃，湿润，有机质含量高的土壤，如在日光温室内种越夏菠菜，因土质肥沃，一般不再施底肥；如在土质不肥沃的新温室或新大拱棚里，每亩可施充分腐熟的鸡粪 2 500kg。夏季应适时浇水，浇后划锄，这是防病的关键。特别是刚出苗后的划锄，防止出现严重的死苗和烂叶现象。追肥分两次进行，根据菠菜的生长量追肥要前少后多，每亩平均随水追施尿素 10～15kg，每半月一次。

5. 病虫害防治

越夏菠菜易发生猝倒病、霜霉病、细菌性腐烂病等病害和蚜虫、美洲斑潜蝇等虫害。一般在播种后出全苗时用百菌清 600 倍液喷雾预防，隔半个月后用 72% 霜脲·锰锌可湿性粉剂＋农用链霉素 600 液喷雾，可控制病害的发生。预防虫害可用 1.8% 阿维菌素 1 000倍液防治。

6. 收获

当菠菜长到 20～30cm 高时（40d 左右）及时收获。

三、越冬菠菜栽培技术

1. 栽培时间

10 月上中旬左右播种，春节前后开始收获。

2. 整地施肥

前茬作物收获后，每亩施入 5 000kg 优质腐熟农家肥和 30kg 三元复合肥，翻耕 20 ~ 25cm，耙平，踏实，整畦，畦宽 1.5 ~ 1.7m。条播时可按行距 10cm 左右开沟，沟深 3 ~ 4cm，均匀播种，然后盖土，踏实，浇水。

3. 品种选择

菠菜越冬栽培，容易受到冬季和早春低温影响，到翌年春天，一般品种容易抽薹，降低产量和品质。因此，应选用冬性强、抽薹迟、耐寒性强、丰产的品种，如尖叶菠菜、菠杂 10 号、菠杂 9 号等耐寒品种。

4. 适时播种。

越冬茬菠菜在停止生长前，植株达 5 ~ 6 片叶时，才有较强的耐寒力。因此，当日平均气温降到 17 ~ 19℃时，最适合播种。此时气候凉爽，适宜菠菜发芽和出苗，一般不需播催芽籽，而播干籽和湿籽。方法是：先将种子用 35℃温水浸泡 12h，捞出晾干撒播或条播，播后覆土踩踏洒水。播种时，若天气干旱，须先将畦土浇足底水，播后轻轻耙松表土，使种子落入土缝。

5. 适量播种

开沟条播，行距 8 ~ 10cm，苗出齐后，按株距 7cm 定苗。如果种子纯净度低、杂质多，可用簸箕簸一下，去除杂质及瘪种，剩下饱满的种子播种，确保出苗整齐，长势强。

6. 冬前管护

播种后 4 ~ 5d 就要出齐苗，在出苗前土壤表面干了就浇水，要保证畦土表面湿润至齐苗，以促进菠菜的生长。菠菜发芽出土

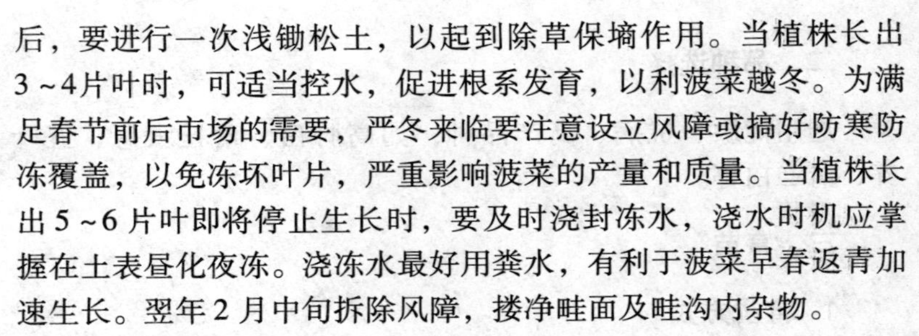

后，要进行一次浅锄松土，以起到除草保墒作用。当植株长出3~4片叶时，可适当控水，促进根系发育，以利菠菜越冬。为满足春节前后市场的需要，严冬来临要注意设立风障或搞好防寒防冻覆盖，以免冻坏叶片，严重影响菠菜的产量和质量。当植株长出5~6片叶即将停止生长时，要及时浇封冻水，浇水时机应掌握在土表昼化夜冻。浇冻水最好用粪水，有利于菠菜早春返青加速生长。翌年2月中旬拆除风障，搂净畦面及畦沟内杂物。

7. 防治病虫害

越冬菠菜病虫害主要有炭疽病、霜霉病、病毒病和蚜虫等。霜霉病和炭疽病可于发病初期用75%百菌清可湿性粉剂600倍液，或25%甲霜灵可湿性粉剂800倍液，或40%乙膦铝可湿性粉剂300倍液等喷雾防治。病毒病除实行轮作外，还应及时防治蚜虫等传毒媒介，蚜虫盛发期可用10%吡虫啉2 000倍液或2%阿维菌素2 500~3 000倍液喷雾防治。

第五节　无公害大葱高产栽培技术（露地种植）

大葱，味辛，性微温，具有发表通阳，有解毒调味、发汗抑菌和舒张血管的作用。大葱含有挥发油，油中主要成分为蒜素，又含有二烯内基硫醚、草酸钙。另外，还含有脂肪、糖类、胡萝卜素等、维生素B、维生素C、烟酸、钙、镁、铁等成分。为多年生草本植物，叶子圆筒形，中间空，脆弱易折，呈青色。在华北地区葱常作为一种很普遍的香料调味品或蔬菜食用。

一、茬口安排

春茬种植。

二、品种选择

选用优质、抗病、高产品种，如高脚白、章丘大葱、五叶齐、清二白等。

三、育苗

1. 育苗方式

露地直播。

2. 用种量

育苗田每亩用量 1.5 ~ 2kg，栽 4 ~ 5 亩地，一般 0.5kg 种子育 1.5 ~ 2 分地，栽 0.8 ~ 1 亩地。

3. 种子处理

用 55℃ 温水搅拌浸种 20 ~ 30min，或用 0.2% 高锰酸钾溶液浸种 20 ~ 30min，捞出洗净晾干后播种。

4. 苗床准备

选地势平坦，排灌方便，土质肥沃，近三年未种过葱蒜类蔬菜的地块。结合整地每亩施腐熟有机肥 4 000kg ~ 5 000kg、磷酸二铵 20kg。浅耕细耙，整平做成宽 1m、长 7 ~ 10m 的平畦。

5. 播种

播种期 9 月中旬。

播种方法 浇足底水，水渗后撒一层 0.5 cm 厚的优质园田土，随即将种子均匀撒播于床面，覆细土 0.8 ~ 1.0cm。

6. 苗期管理

杂草防治　在播种后 1 ~ 2d 喷洒除草剂。每亩育苗田用 33% 除草通乳油 150mL，对水 30 ~ 50kg 喷洒床面。

肥水管理　苗出齐后，保持土壤见干见湿，不浇大水，上冻前浇一次冻水，如遇温度过低，需要地面覆盖土杂粪或秸秆进行防寒保温。幼苗株高 8 ~ 10cm、3 片叶时越冬最佳。翌年春季土

壤解冻后及时浇返青水，同时追返青肥，以后控水，中耕，蹲苗10～15d，等到旺盛生长期，要进行2～3次追肥浇水。间苗1～2次，苗距3～4cm见方，定植前7～10d停止浇水。

7. 壮苗标准

株高30～40cm，6～7片叶，茎粗1.0～1.5cm，无分蘖，无病虫害。

四、定植及定植后管理

（一）定植前准备

1. 前茬选择

非葱蒜类蔬菜。大葱忌连作，俗话有“辣对辣，必定瞎，葱韭蒜不见面”等说法，大葱不但不能与大葱、洋葱重茬，还不能与大蒜、韭菜重茬。

2. 整地施肥

深耕细耙，一般中等肥力的地块结合整地每亩撒施优质有机肥4 000kg，尿素40kg，过磷酸钙50kg，硫酸钾10kg。定植前按行距开沟，沟深25～30cm，沟内每亩再集中施用磷钾肥10kg，刨松沟底，肥土混合均匀。

（二）定植

1. 定植期

4月底至5月中旬。

2. 栽植密度

每亩栽植15 000株左右，行株距60～80cm×5～7cm。

3. 定植方法

将葱苗按大、中、小苗分级后分别采用干插法定植。在开好的葱沟内，将葱苗插入沟底，深度要掌握上齐下不齐的原则，以不埋住五杈股（外叶分杈处）为宜，两边压实后再浇水。

（三）定植后管理

1. 中耕除草

定植缓苗后，天气逐渐进入炎热夏季，植株生长缓慢，因降雨较多一般不浇水。要及时中耕，清除杂草，雨后及时排出田间积水。

2. 水肥管理

（1）浇水。进入 8 月，大葱开始旺盛生长，要保持土壤湿润，逐渐增加浇水次数和加大水量，收获前 7～10d 停止浇水。立秋到白露之间浇水，要在早晚时间，浇水不宜过大。白露到秋分浇水宜大，要经常保持地面湿润。

（2）追肥。追肥品种以尿素为主，配施钾肥。结合浇水，分别于立秋、白露两个节气每亩各追施尿素 10～15kg、硫酸钾 10kg 或施入复合肥 20kg。

3. 培土

为软化葱白，防止倒伏，要结合追肥浇水进行 4 次培土。将行间的潮湿土尽量培到植株两侧并拍实，以不埋住五杈股为宜。培土能增加植株高度、葱白长度和重量。培土应注意要在上午露水干（10：00）后土壤凉爽时进行，否则，容易引起假茎腐烂。

五、病虫害防治

（一）病害防治

1. 霜霉病

发病初期喷洒 75% 百菌清可湿性粉剂 600 倍液，或 64% 杀毒矾可湿性粉剂 500 倍液，或 72.2% 普力克水剂 800 倍液，隔 7～10d 1 次，连续防治 2～3 次。

2. 紫斑病

发病初期喷洒 75% 的百菌清可湿性粉剂 500～600 倍液，或

64%杀毒矾可湿性粉剂500倍液，或58%甲霜灵锰锌可湿性粉剂500倍液，或50%扑海因可湿性粉剂1 500倍液，隔7～10d喷洒1次，连续防治3～4次，均有较好的效果。

3. 灰霉病

发病初期轮换喷施50%速克灵或50%扑海因、50%农利灵可湿性粉剂1 000～1 500倍液，或25%甲霜灵可湿性粉剂1 000倍液喷雾。

4. 软腐病

发病初期喷洒70%可杀得可湿性粉剂500倍液，或72%农用链霉素可溶性粉剂4 000倍液、新植霉素4 000～5 000倍液，视病情隔7～10d 1次，防治1～2次。

（二）虫害防治

1. 葱斑潜蝇

用2%阿维菌素乳油2 000倍液，或2.5%溴氰菊酯乳油2 000倍液喷雾防治，每隔7d喷施一次，连续喷施2～3次。

2. 葱蓟马

可用50%辛硫磷乳油1 000倍液喷雾防治。

3. 甜菜夜蛾

卵盛期及低龄期幼虫施药防治，用1%甲维盐乳油（甲氨基阿维菌素苯甲酸盐）3 000～4 000倍液。晴天傍晚用药，阴天可全天用药。

六、收获

10月以后在叶色变黄绿、心叶停止生长时收获。

第六节　露地西兰花栽培管理技术（露地）

西兰花属十字花科芸薹属甘蓝种，耐热性和抗寒性都较强。

植株高大，根据不同品种叶片生长 20 片左右抽出花茎，顶端群生花蕾。紧密群集成花球状，形状为半球形，花蕾青绿色，故称青花菜。叶色蓝绿互生，逐渐转为深蓝绿，蜡脂层增厚。叶柄狭长。叶形有阔叶和长叶两种。根茎粗大表皮薄，中间髓腔含水量大、鲜嫩，根系发达。

西兰花营养成分：含有蛋白质、脂肪、磷、铁、胡萝卜素、维生素 B_1、维生素 B_2 和维生素 C、维生素 A 等，尤以维生素 C 丰富，每 100g 含 88mg，仅次于辣椒，是蔬菜中含量最高的一种。其质地细嫩，味甘鲜美，容易消化，对保护血液有益。儿童食用有利健康成长。西兰花最显著的就是具有防癌抗癌的功效，菜花含维生素 C 较多，比大白菜、番茄、芹菜都高，尤其是在防治胃癌、乳腺癌方面效果尤佳。

由于西兰花的含水量高达 90% 以上，所含热量较低，因此对希望减肥的人来说，它可以填饱肚子，而不会使食用者发胖。

一、茬口安排

春茬露地种植和秋茬保护地种植。

二、品种选择

西兰花属于喜冷凉的蔬菜，选择植株生长势强，花蕾深绿色、焦蕾少、花球弧圆形、侧芽少、蕾小、花球大、抗病耐热、耐寒，适应性广的品种。春茬选用日本的炎秀；秋茬选用日本的耐寒优秀。

三、育苗

春茬育苗时间在 1 月 15 ~ 18 日，温室育苗，采用 105 穴的穴盘育苗，苗期 60d；秋茬育苗时间在 7 月 1 ~ 5 日，大棚育苗，采用 105 穴的穴盘育苗，苗期 30d。苗期每 2d 喷 1 次水，定植前

打1次杀菌剂，用72%杜邦克露可湿性粉剂600倍液喷雾，保护地还可以用45%百菌清烟剂熏烟处理。

四、定植及定植后管理

（一）定植

1. 整地

整平耙碎施肥起大垄。

2. 施肥

施肥根据土壤肥力，测土施肥。亩施氮磷钾各为17的三元复合肥75kg，同时，结合整地亩施优质干鸡粪500kg。

3. 起垄

将整平耙碎的地块施入基肥，混土均匀，起垄、行距60cm，同时覆盖80cm宽的地膜。

4. 移栽（定植）

西兰花苗在温室或大棚生长达到4叶1心时，即可移栽。一般春茬在3月20日、秋茬在8月10日左右移栽。密度：行距60cm、株距42cm，密度在2 600～2 700株/亩。

5. 移栽方法

采用人工刨坑——栽苗——浇水——封埯程序，移栽重点是移栽苗封埯或封土不能超过子叶痕，更不能埋上生长点，埋到苗的土墩1cm以上为宜，移栽后必须浇（灌）透水，有利于保苗。补苗：移栽后2d内补苗。

（二）田间管理

1. 缓苗期

西兰花移栽2d内及时查田补苗，给充足的养分和水分，多松土，保持下层土壤湿润。

2. 中耕管理

适当中耕，铲除杂草，一般春茬中耕一次，秋茬中耕两次。

3. 追肥浇水方法

采用人工或机械条施追肥的方法。春茬从种到收需浇 5 水，平均 10d 1 水，浇第 3 水时亩施尿素 10 ~ 15kg，浇第 4 水时亩施高氮低磷高钾三元复合肥 10 ~ 20kg。秋茬从种到收一般需浇 5 水，如降雨多，可少浇 1 ~ 2 水，追肥量同春茬。在花球形成初期喷磷酸二氢钾、硼宝或 0.05% ~0.10% 的硼砂和钼酸铵溶液 1 次。以提高花球质量，减少黄蕾、焦雷的发生。同时亩喷施植物生长剂，促进花球膨大，增加作物营养，提高作物的抗逆抗病能力。

4. 除去侧枝

顶花球是专用品种，应在花球出现前摘除侧枝（芽）。顶侧花球兼用品种侧枝抽生较多，一般留上部健壮侧枝 1 ~ 2 个其余除掉，以减少养分消耗。当 60% ~80% 的主茎花球采收后，浇水追肥，催侧枝花球的生长，当侧花球长至直径达 10cm 左右时采收。春茬一般不打侧枝，秋茬必须打侧枝。

五、病虫害防治

西兰花属十字花科作物，根据西兰花的生理特性，易发生多种病虫害。在移植后应及时调查预防病虫害的发生，以喷内吸剂为预防药剂，以熏蒸、触杀为发生防治药剂。使用绿色、无污染的农药进行防治。

（一）病害种类

西兰花苗期病害有细菌性黑腐病、霜霉病、黑斑病、细菌性黑腐病等，细菌性黑腐病为常见病。防治时结合药剂应加强肥水管理，合理定植、轮作等。

（二）虫害种类

西兰花的主要虫害为小菜蛾、菜青虫、蚜虫等，其防治方法

是结合药剂防治合理布局，避免十字花科蔬菜长期连作，清除田间残株。

（三）病虫害药剂防治方法有

1. 黑腐病

发病初期用77%氢氧化铜可湿性粉剂500倍液，或72%农用链霉素可溶性粉剂4 000倍液，连喷2～3次。

2. 霜霉病

用80%代森锰锌600倍液喷雾预防病害发生或用70%乙膦铝锰锌500倍或60%杀毒矾600倍液防治。发现病株后用75%百菌清可湿性粉剂500倍液，或72%霜脲锰锌600～800倍液。连续防治2～3次。

3. 黑斑病

发病初期用75%百菌清可湿性粉剂500～600倍液，连续防治2～3次或77%可杀得可湿性粉剂500倍液防治。

4. 软腐病

用72%农用链霉素可溶性粉剂4 000倍液，或77%氢氧化铜400～600倍液，在病发生初期开始用药，连续防治2～3次。

5. 菜青虫

卵孵化盛期选用苏云金杆菌（Bt）可湿性粉剂1 000倍液。在低龄幼虫发生高峰期，选用2.5%氯氰菊酯乳油2 000～3 000倍液。

6. 蚜虫

10%吡虫啉1 000倍液，50%抗蚜威可湿性粉剂2 000～3 000倍液，或用5%高效氯氰菊酯乳油1 000倍液喷雾。用药时可加入适量展着剂。

7. 综合防治方法

合理安排轮作，清洁田园，选用抗病品种，培育壮苗的农业防治方法。采用人工和机械喷粉、喷雾的化学防治方法，用杀虫灯杀虫、防虫网防虫的物理防治方法。

六、采收方法及菜花标准

采收前两周禁止使用各种农药，采取人工收获的方法，以清晨和傍晚采收最好。采收标准是：出口标准按不同的要求确定，一般花球 12～14cm，花环连柄长不低于 16cm，重量在 100g～200g。色泽浓绿、花球紧实、朵型圆正、花蕾比较均匀细腻、无满天星（黄粒）、焦蕾、腐烂、无虫口、无活虫、无破损、柄无空心等畸形现象。采收国内市场销售（内销）标准为：花球直径 12～18cm，花球连柄长不低于 10cm，重量在 400～600g。色泽浓绿、花球紧实、朵型圆正、花蕾无发黄、焦蕾、无虫口、无活虫、无严重破损现象。

第七节　甘蓝栽培管理技术（保护地或露地）

一、茬口安排

（一）早春甘蓝

冬春育苗，春定植，春夏收获。

（二）秋甘蓝

夏季育苗，夏秋定植，秋冬收获。

二、品种选择

（一）早春甘蓝

选用抗逆性强、抗病、丰产、商品性好的早熟品种，如中甘二十一等。

（二）秋甘蓝

选用抗病、丰产、抗逆性强、商品性好的品种，如希望、美

貌、多彩、绚丽、佳康等品种。

三、育苗

（一）育苗设施

日光温室

（二）育苗方式

根据栽培季节和方式，可在日光温室和露地育苗。有条件的可采用工厂化育苗，秋露地育苗要有防雨、防虫、遮阴设施。

（三）播种

采用中小拱棚栽培的12月底播种。秋露地甘蓝7月中下旬播种（见表2－2）。

表2－2　不同栽培方式甘蓝情况表

栽培方式	适宜品种	育苗方式	播种期	定植期	收获期
中小拱棚	中甘二十一	简易温室	12月底	3月上中旬	5月上旬
秋露地	希望、美貌、多彩、绚丽、佳康	露地	7月中下旬	8月中旬	10月下旬11月上旬

（四）苗期管理

幼苗出土前白天保持20～25℃，夜间保持15℃，幼苗出土后及时放风，白天温度为18～22℃，夜间床温不低于10℃，减少低温影响，防止定植后先期抽薹。

（五）壮苗标准

植株健壮，6～8片叶，叶片肥厚蜡粉多，根系发达，无病虫害。

四、栽培设施

中小棚：矢高0.5～1m，跨度1～6m，长度不限。

五、定植及定植后管理

（一）整地施肥

结合整地，亩施优质有机肥 4 000 ~ 5 000kg，硫酸钾复合肥 40kg。中小拱棚内平畦栽培。

（二）定植及定植后管理

株行距 35cm × 35cm，亩栽 5 000 株。中小拱棚内定植 3 天后浇缓苗水，盖拱膜。地沟栽培的定植后先拉膜，然后浇水。白天保持 20 ~ 25℃，夜间 12 ~ 15℃，气温超过 25℃放风。中小拱棚栽培的，在定植 20 ~ 30d 后（4 月 5 日前后）落膜。

肥水管理，进入莲座期，可结合浇水亩施尿素 10kg，促进茎叶生长，结球初期第 2 次追肥，亩施优质硫酸钾复合肥 20kg。叶球生长盛期，第 3 次追肥，亩施速效生物肥 10kg，促进叶球紧实。

六、病虫害防治

1. 病害主要有霜霉病、软腐病、黑腐病、炭疽病等

霜霉病，可于发病初期用 75% 百菌清可湿性粉剂 500 ~ 600 倍液、72.2% 普力克水剂 600 ~ 800 倍液、64 杀毒矾可湿性粉剂 400 倍液喷雾防治。软腐病和黑腐病可用 72% 农用硫酸链霉素 3 000 ~ 4 000倍液或 77% 可杀得 500 倍液喷雾防治。炭疽病可用 10% 世高水分散粒剂 1 500倍液喷雾防治。

2. 虫害主要有蚜虫、小菜蛾和甜菜夜蛾

蚜虫可用 10% 吡虫啉可湿性粉剂 1 500倍液、25% 阿克泰水分散粒剂 2 000 ~4 000倍液喷雾防治或用黄板诱杀。小菜蛾和甜菜夜蛾可用帕力特（240g/L 虫螨腈）悬浮剂 1 500倍液、艾绿士（60g/L 乙基多杀菌素）悬浮剂 2 000倍液、5% 杜邦普尊（氯虫苯甲酰胺）悬浮剂 800 ~ 1 000倍液、敌杀死（25g/L 溴氰菊酯）

乳油1 500～2 000倍液喷雾防治，也可用性诱剂诱捕器捕杀。

七、采收

叶球基本紧实后，及时采收上市，采收前5d不浇水，以免出现炸球现象。

第八节　菜花栽培管理技术（保护地或露地）

一、茬口安排

（一）早春菜花

冬春育苗，春定植，春夏收获。

（二）秋菜花

夏季育苗，夏秋定植，秋冬收获。

二、品种选择

（一）早春菜花

选用抗逆性强、抗病、丰产、商品性好的早熟品种，如雪宝、孟菲、松花菜花等。

（二）秋菜花

选用抗病、丰产、抗逆性强、商品性好的品种，如雪宝、松花菜花等品种。

三、育苗

（一）育苗设施

日光温室。

（二）育苗方式

根据栽培季节和方式，可在日光温室和露地育苗。有条件的可采用工厂化育苗，秋露地育苗要有防雨、防虫、遮阴设施。

（三）播种

采用中小拱棚栽培的12月底播种。秋露地菜花7月中下旬播种（见表2－3）。

表2－3　不同栽培方式菜花情况表

栽培方式	适宜品种	育苗方式	播种期	定植期	收获期
中小拱棚	雪宝、孟菲、松花	简易温室	12月底	3月上中旬	5月中下旬
地沟拉膜	雪宝、孟菲、松花	简易温室	12月底	3月上中旬	5月中下旬
秋露地	雪宝、松花	露地	7月中下旬	8月中旬	10月下旬11月上旬

（四）苗期管理

采用128孔育苗盘，无土基质育苗。幼苗出土前白天保持20～25℃，夜间保持15℃，幼苗出土后及时放风，白天温度为18～20℃，夜间床温不低于10℃。

（五）壮苗标准

植株健壮，5～6片叶，叶片肥厚，叶色绿，蜡粉多，根系发达，无病虫害。

四、栽培设施

1. 中小棚

矢高0.5～1m，跨度1～4m，长度不限

2. 地沟

栽培沟深25～30cm，沟宽2～2.1m，长度不限

近两年，由于地沟栽培比中小拱棚栽培省工、成本低、温度高、上市早，逐渐被菜农接受，有逐步代替中小拱棚之势。

五、定植及定植后管理

（一）整地施肥

结合整地，亩施优质有机肥 5 000～6 000 kg，磷酸二铵 20kg，尿素 10kg，硫酸钾复合肥 20kg。中小拱棚内平畦栽培；地沟拉膜采用 25～30cm 深地沟栽培，秋茬菜拉秧后翻地，定植前做地沟，沟埂距 2～2.1m，每沟栽 4 行。

（二）定植及定植后管理

株行距（45～50）cm×50cm，亩栽 3 000～3 500 株。中小拱棚内定植 3 天后结合浇缓苗水，亩施尿素 10kg，盖拱膜。地沟栽培的定植后先拉膜，然后浇水。白天保持 15～20℃，夜间 5～10℃。中小拱棚栽培的，在定植 20～30d 后（4 月 5 日前后）落膜，地沟拉膜栽培的，4 月上旬掀掉地膜。

肥水管理：进入莲座期，可结合浇水亩施尿素 10kg，促进茎叶生长，花球形成期和膨大期进行第三、第四次追肥，亩施优质硫酸钾复合肥 10kg。

束叶遮阴：为保护花球避免阳光直射可在花球 10cm 大时，束叶遮阴，保证花球洁白。但束叶不可过早以免影响光合作用，使花球膨大缓慢。

六、病虫害防治

1. 病害主要有黑胫病、霜霉病、软腐病、黑腐病、炭疽病等

黑胫病可用阿米多彩（560g/L 嘧菌·百菌清）悬浮剂喷雾防治。霜霉病，可于发病初期用 75% 百菌清可湿性粉剂 500～600 倍液、72.2% 普力克水剂 600～800 倍液、64 杀毒矾可湿性粉剂 400 倍液喷雾防治。软腐病和黑腐病可用 72% 农用硫酸链霉素 3 000～4 000倍液或 77% 可杀得 500 倍液喷雾防治。炭疽病可

用10%世高水分散粒剂1 500倍液喷雾防治。使用浓度严格按照使用说明配比。

2. 虫害主要有蚜虫、小菜蛾和甜菜夜蛾

蚜虫可用10%吡虫啉可湿性粉剂1 500倍液、25%阿克泰水分散粒剂2 000～4 000倍液喷雾防治或用黄板诱杀。小菜蛾和甜菜夜蛾可用帕力特（240g/L虫螨腈）悬浮剂1 500倍液、艾绿士（60g/L乙基多杀菌素）悬浮剂2 000倍液、5%杜邦普尊（氯虫苯甲酰胺）悬浮剂800～1 000倍液、敌杀死（25g/L溴氰菊酯）乳油1 500～2 000倍液喷雾防治，使用浓度严格按照使用说明配比。使用剂量按照说明配比，也可用性诱剂诱捕器捕杀。

七、采收

花球充分膨大且尚未散开变黄时采收。采收时花球下带3～4片嫩叶，以避免花球蹭泥或损伤，保证花球的洁净，提高商品价值。

第九节 日光温室芹菜栽培管理技术（温室）

一、茬口安排

一般为温室秋冬茬种植。生育期为7月上旬至翌年3月。

二、品种选择

在品种选择方面，日光温室生产要选择冬性较强、抽薹较晚的品种，同时还要抗病、高产，如西雅图、加州王、文图拉等。

1. 西雅图

最新引进美国西芹资源选育而成，中晚熟品种，耐低温，抗病性强，产量高，叶柄亮黄绿色，有光泽，不易糠心，纤维少，

商品性极好，株型紧凑，株高70～80cm，单株重可达1.5～2.0kg，属保护地及露地首选品种。

2. 加州王

美国引进品种。植株高大，生长旺盛，株高80cm左右，叶色较绿，叶柄浅绿色，有光泽，叶柄腹沟浅较宽平，叶柄抱合紧凑，品质脆嫩，纤维极少，抗枯萎病，对缺硼症抗性较强，从定植到收获需要80d，单株重1kg左右，亩产7 500kg左右。

3. 文图拉

该品种植株高大，生长旺盛，株高80cm左右，叶片大，叶色绿，叶柄绿白色，实心，有光泽，叶柄腹沟浅而平，基部宽4cm，叶柄第一节长30cm，叶柄抱合紧凑，品质脆嫩，抗枯萎病，对缺硼症抗性较强，从定植到收获需80d，单株重750g，无分蘖，亩产6 000～6 800kg，水肥条件和管理水平高的地区可达10 000kg。

三、育苗

壮苗是高产的基础。生长粗壮、颜色浓绿，此生根多而白，无病虫害，即为壮苗。

芹菜适宜在富含有机质、疏松、保水保肥的壤土或黏壤土中生长。选择地势高，排灌方便，肥沃的土壤作育苗场，在育苗前半个月，土壤要翻耕晒白。结合翻耕，每亩地施腐熟有机肥4 000～5 000kg，过磷酸钙30～35kg，尿素10～15kg作基肥，肥料与畦土掺匀，畦面要细致平整。畦面要平、细、实。

1. 浸种催芽

芹菜在高温条件下出苗慢，需用低温浸种催芽。具体方法用清水浸泡12～24h，然后吊在井中离水面30～50cm处，或15～20℃条件下催芽，催芽时经常用清水洗种子，除掉种子上黏液增加通透性，3～8d后70%种子出芽就可以播种。

2. 播种

播前洇透苗床，上一层过筛细潮土，用细土或沙子掺到催芽的种子中，或与小白菜，小萝卜等混播（小白菜、萝卜生长快，用以遮阴，以后间掉），上覆一层细潮土。每 m^2 播种 1.5g 每亩共需 $80m^2$ 苗床，播种量为 80 ~ 100g。为防蝼蛄等害虫，覆土后，畦面撒毒饵。

3. 苗期管理

播种后及时在畦面上搭设遮阴棚，降温保湿，防止阳光直射及雨水冲刷。播后要勤浇小水，以满足种子发芽所需水分、降低低温，浇水早晚进行。雨后排出积水，浇过堂水，降低畦温、补充氧气。

苗齐后，逐渐去掉遮阴物。要保持湿润，合理浇水，苗期进行 1 ~ 2 次间苗，苗距 3cm。结合间苗进行除草。

幼苗 2 ~ 3 叶时追肥一次，5 ~ 6 叶时追肥浇水，准备定植。

四、定植及定植后管理

（一）定植

10 月上旬及 11 月上旬定植，结合整地每亩施 5 ~ $10m^3$ 腐熟有机肥，然后做成平畦。苗床在定植前 1 ~ 2d 浇水，便于定植时起苗少伤根，定植时连根挖起菜苗，大小苗分开定植，对病苗、弱苗要淘汰。随起苗随栽植。栽植深度以原苗入土深度为准，栽后要立即浇水，使幼苗根系与土壤紧密结合。每垄栽 2 行，行距 35cm，培育大棵的，株距 30cm，每亩栽 6 000 ~ 7 000 株；培育中型棵的，株距 25cm，每亩栽 7 000 ~ 8 000 株。都是单株定植，栽后及时浇移苗水。

（二）田间管理

1. 缓苗期

从定植到缓苗需 15 ~ 20d，其间小水勤浇，以保持土壤湿

度，降低地温。

2. 蹲苗期

缓苗后气温降低，植株开始缓慢生长。天气渐凉应控制浇水，促进发根，防止徒长。缓苗后，浇 1 次大水，然后中耕蹲苗，中耕深度 3cm 促进根系下扎、加速叶分化，蹲苗期为 15～20d。

3. 叶生长盛期

定植 1 月内充分浇水，水后中耕，保持土壤湿度和通透性，进入 9 月下旬重施一次肥，腐熟鸡粪 1 000kg 与 25kg 尿素、硫酸钾 15kg 混合沟施或冲施。10 月上旬扣棚，以“小苗早扣，大苗晚扣”为原则，一般保持白天 18～22℃，夜晚 15℃，地温 18～20℃，入冬后适当浇水，但要保证土壤湿度。

五、病虫害防治

（一）旱疫病

（1）无病株采种。

（2）用 48℃温水浸种 30min 后再移入冷水浸种。

（3）实行二年以上轮作。

（4）合理密植，科学灌溉，防止田间湿度过高。

（5）高温季节育苗注意防雨遮阴，培育壮苗。

（6）初病期用 1∶0.5∶160～200 倍波尔多液或 50% 多菌灵可湿性粉剂 800 倍液防治 2～3 次。也可用 58% 甲霜灵锰锌 500 倍液防治。

（二）斑枯病

（1）采用无病种子，在无病地无病株上采种。

（2）用 48℃温水浸种 30 分钟，然后移入冷水浸种。

（3）雨季注意排水，防止大水漫灌。

（4）喷洒 75% 百菌清可湿性粉剂 600 倍液，或 1∶0.5∶200

的波尔多液，或50%硫黄悬浮剂200~300倍液，或50%丙环唑5 000倍液，隔7~10d1次，连续3次。

（三）虫害

芹菜的虫害主要是蚜虫，可用0.3%苦参素植物杀虫剂500~1 000倍液防治。

六、采收

芹菜要适时收获，过早收获不能高产；过晚收获，养分向根部转移，使叶柄质地变粗，甚至出现空心，影响产量，降低品质。抽薹较慢的品种，收获期较长。如果温度条件较好的温室，芹菜花芽分化较晚，可适当延长收获。具体时间应根据市场需求和植株长势决定。

采收方法，在短缩茎下边下刀，将整株割下，削去根部及黄叶、病叶，甚至上部叶片，顺序装箱。割芹菜以不散叶为标准。

第十节　无公害韭菜栽培管理技术（露地）

韭菜原产中国，因风味独特、诱人，自古至今一直是我国广大城乡居民喜爱的一种美食。目前，韭菜是我国主要蔬菜作物，仅河北省每年栽培的韭菜就有60万亩左右。

韭菜营养丰富，所含的一些营养物质的含量高于番茄、茄子等茄果类蔬菜。另外，韭菜还具有较高的药用价值，由于味甘辛、性温，所以其叶、根、种子均可入药，具有补肾助阳、补中益肝、活血化瘀、通络止血之功能。

韭菜生长的适应性强，对栽培条件和环境的要求相对较低。种植一次，可在一年内收割多次，还能连续5~10年陆续收获，有省工、省力、管理简便的特点。

近年来，我国韭菜栽培面积持续增长，栽培形式也日趋多样

化，当今已经从以往的露地应季栽培发展到阳畦、拱棚、日光温室、全封闭式网棚反季节栽培，一些不适合栽培的地区还可进行无土栽培、营养液栽培，等等。多种设施栽培和露地栽培的结合，利于高产优质、安全绿色的韭菜生产，利于韭菜的周年生产和周年供应，进而实现丰厚的经济效益和社会效益。

当今韭菜生产也存在一些问题，其中最主要的是农药残留超标、重金属污染。目前，重金属污染可通过在环境合格的产地栽培、浇灌优质水等办法解决。但是，农药残留超标问题一直没能得到根治，危及人体健康并对生态环境造成破坏，危害巨大，成为制约韭菜产业发展的瓶颈性难题。

农药残留超标主要是防治韭菜害虫所致。防治不及时，轻者减产减收30%以上，严重的甚至绝收。近年来，由于韭菜虫害发生日益严重、抗药性越来越大，生产上过量用药、违禁用药现象普遍存在。当前生产中，防治韭菜虫害主要采取化学防治，普遍采用大量杀虫剂灌根除治韭蛆，喷施大量杀虫剂防治蓟马、黑蚜、黄条跳甲、斑潜蝇、韭菜蛾等害虫。虽短期内效果较好，但防治的同时产生大量农药残留。

以往我国制订了一些规范韭菜生产的技术规程，在提倡农业防治的同时，也将化学防治作为主要措施，为防止农药残留过多对使用的药剂种类、浓度和施用次数及用药时期做了详尽的规定，但由于防治效果较差、操作较繁琐、成本较高，生产中往往得不到全面实施，制约了已有无公害生产技术的实施和效果的显现。

为此，我国科技工作者进行了专门研究，创新出一整套高效无害化的先进韭菜生产技术，有效地解决了农药残留超标难题，生产出优质安全高产高效的韭菜。这套技术的关键措施，包括：

一、选用优良品种

生产中，应注意选用抗病性强，商品性好、营养品质优的品种，常见的有“廊韭6号”、“廊韭9号”“优宽1号”和“平韭2号”、“平韭5号”等。

二、采用优质种子

栽培韭菜，一定要选用上年秋季采收的新种子，不能用陈旧的种子。种子质量还须达到国家标准（GB16715.5）的规定。

三、播种数量适宜

育苗田，每亩用种为5kg，可培育10亩生产田所需的秧苗；生产田，提倡采用直播法，播种量以每亩1.8～3.0kg为宜。一般4月份播种以1.8kg为宜，播种期越晚播种量越大。

四、选好栽培地块和土质

育苗田和生产田，应选择在前茬没有种植过葱蒜类蔬菜作物，旱能浇、涝能排的肥沃农田，土质尽量选择中壤土。

五、适期播种

应季生产，要在4月5日至5月10日期间播种。采用日光温室等设施进行反季节生产，应在每年的7月15日之前播种。

六、育苗期管理

（一）防治杂草

播种后尽早浇一次大水，水后3天左右，在人能够下地且不沾鞋时喷施除草剂，每亩用33%施田补乳油100～150mg或48%地乐胺乳油180～200mg对水50kg均匀喷撒地表。

（二）覆盖地膜

4月份播种的韭菜田，喷施除草剂后随即覆盖地膜，以保墒、提温，当1/3幼苗出土时，揭去地膜。5月及以后，在外界气温过高时，不盖地膜，以防高温烫苗。

（三）排除积水

夏季，降大雨后应及时排除积水，有条件的可在排水后用井水浇灌一次。

（四）养根壮秧

韭菜秧苗定植前注意不要收割，以培育健壮根茎；植株定植当年尽量不要收割，秋季还要及时摘除花薹。

七、定植期管理

（一）适时定植

韭菜定植，应在8月8～31日的无雨天气进行。

（二）整理秧苗

定植前1天起苗，并对韭菜秧苗进行分级，淘汰弱苗、病苗和杂株，确保定植的秧苗为健壮苗。

（三）适当密植

每亩栽植20万～30万株为宜。过细、过少，初期产量偏低，高产期推迟。

八、田间管理

（一）及时追肥

韭菜生长中，每年6月下旬至7月底期间选择晴好天气，将生长过于茂盛或郁闭的韭菜及时留高茬收割1次。一般将植株上部1/3部分清除，重点是黄叶、烂叶和病叶，其后在韭菜行间开沟施入腐熟烘干鸡粪350kg/亩，随后浇1次地下水。可提高韭菜植株的抗病能力，大幅度减少病害的发生。

春季、秋季和冬季，韭菜追肥应按照 N：P_2O_5 =1：0.23（尿素：磷酸二铵=4：1）的比例混合后施用，每次每亩施肥总量以≤30kg 为宜。追肥后随即浇水。

（二）注意培土

上冻前，每亩采集 15～20m^3 肥沃粮田表土，最好是沙壤土，在翌年土壤化冻前均匀撒在韭菜生产田上，培土 2～3cm 厚。

九、虫害防治

危害韭菜的主要害虫包括：迟眼蕈蚊、种蝇、葱蝇、蓟马、黑蚜、黄条跳甲、斑潜蝇、韭菜蛾等 8 种。韭菜生产中防治虫害，应以物理方法和农业防治方法为主，药物除杀仅作为临时补救措施在虫害大发生时才实施。即：主要通过综合农艺防控措施的实施，将虫害造成的损失降到生产者允许的范围内，做到不用或很少使用农药治虫，以实现农药残留的降低。

（一）用网棚隔绝韭菜害虫

采用在网棚内栽培韭菜的方法，可有效地阻止韭菜害虫成虫的迁入。生产中，韭菜网棚应覆盖 30 目白色优质聚乙烯防虫网。目前的大型网棚，高≥1.7 m、宽 5.0～12.0m；中型网棚，高 1.3～1.6m、宽 2.1～4.9m；小型网棚，高≤1.2m、宽 1.0～2.0m，多是直接在塑料棚和日光温室的棚体直接覆盖防虫网。

（二）适时建造、使用网棚

韭菜育苗田播种前、定植田秧苗定植前应将网棚建造完毕，确保在韭菜育苗期和生长期都在网棚内进行，用网棚阻止其他地块的韭菜害虫迁入。

生产中，3～11 月期间须严密覆盖防虫网。12 月上旬至翌年 2 月中旬期间，外界没有韭菜害虫迁飞活动也可揭去防虫网。

（三）日常管理

播种和育苗期间，在网棚内进行追肥、浇水、除草等农艺活

动时，应在关严网棚入口后进行，严防韭菜害虫借助门户等途径飞入。

幼苗出土时，须在育苗网棚内悬挂蓝色黏虫板诱杀网棚中迁飞的韭菜害虫，每亩悬挂20张30cm×25cm蓝色黏虫板，悬挂高度60cm。当黏虫板上黏贴效果不佳时，应及时更换新的黏虫板。

定植前从事起苗、选苗（淘汰不合格）和修剪（剪去叶尖部分和须根末梢）等作业时，也要在密闭的网棚内完成。

对即将定植的秧苗，要用2%阿维菌素乳油2 000倍液浸蘸根颈部1～5s，待秧苗根系表面药液晾干后再定植。

定植前，将前茬作物植株和残枝败叶全部清除干净，而后覆盖防虫网。秧苗从育苗网棚到定植网棚的输运过程中，也须用塑料地膜严密包裹。

定植开始前，做好人员、器具和秧苗等准备。定植进行过程中，应密闭网棚，严防人员随意出入。

秧苗定植后，应及时在网棚内用高效低毒的生物农药喷施一遍，重点是秧苗、地表、棚架和支柱等处。可采用2%阿维菌素乳油4 000倍和10%吡虫啉可湿性粉剂1 500倍混合溶液喷施。如网棚内害虫很少或没有发现，则不喷药。

生产中，除悬挂蓝色黏虫板外（每亩悬挂20张30cm×25cm蓝色黏虫板，悬挂高度60cm。当黏虫板上粘黏效果不佳时，应及时更换新的黏虫板），还可采用液体诱杀剂捕杀网棚内的韭菜害虫，可按照2%阿维菌素乳油1.1mL、糖51g、食醋51mL、白酒17mL、对水170mL的比例配制液体诱杀剂，在网棚中每亩放置6～8盆，整个韭菜生长期间要及时添加，经常保持液体深≥3cm以上。

当网棚出现破损，有较多害虫侵入时应尽早修补防虫网，同时应酌情采用高效低毒的生物农药清除网棚中的害虫。可采用

2%阿维菌素乳油 4 000倍和10%吡虫啉可湿性粉剂 1 500倍混合溶液喷施1遍，之后再转入正常的防控管理。

第十一节　芫荽栽培管理技术

芫荽，为伞形科植物，伞形花笠，芫荽属，一二年生草本植物，是人们熟悉的提味蔬菜，状似芹，叶小且嫩，茎纤细，味郁香，是汤、饮中的佐料，多用于做凉拌菜佐料，或烫料、面类菜中提味用。原产地为地中海沿岸及中亚地区，现大部地区都有种植，在廊坊已经实现周年生产种植。

一、茬口安排

芫荽因生产周期短，耐寒力强，适合温和季节生长，可以排开播种，周年供应。主要栽培茬次有春芫荽：3～4月播种，播后40～60d收获；半夏芫荽：7月下旬至8月上旬播种，播后60d收获；秋冬芫荽：8月下旬至9月上旬播种，冬季收获。春季露地不可播种过早，以防遇低温通过春化经长日照后抽薹。

二、品种选择

夏季栽培宜选用矮株小叶品种，如北京芫荽、莱阳芫荽；春、秋季栽培宜选用高株大叶品种，如山东大叶等。

三、用种量

每亩用种3～4kg。

四、种子处理

（一）搓籽

芫荽种子为聚合果，其中，有两粒种子，播种前需用布鞋底将

种子搓开。

（二）浸种催芽

用48℃温水浸种，并搅拌水温降至25℃，然后浸种12～15h。将浸好的种子用湿布包好放在20～25℃条件下催芽，每天用清水冲洗1～2次，5～7d 80%种子露白时即可播种。

五、播种

（一）播前准备

1. 地块选择

选择前茬作物为非伞形科蔬菜的地块。

2. 整地施肥

春播当10cm地温稳定通过12℃时浇水造墒，墒情适合时施肥、整地。在中等肥力条件下，每亩施用充分腐熟的粗肥2.5～5m^{3}或磷酸二铵30～50kg，硫酸钾20kg。翻地15～20cm，使土肥混匀。然后作成宽1.5m、长8～10m的畦，将畦面搂平，待播。

（二）播种

播种采用撒播或条播。撒播，将催芽种子混2～3倍沙子（或过筛炉灰）均匀撒在畦上，用铁耙把种子与畦内细土掺匀，然后镇压；条播按行距5～8cm在畦内开沟，深1cm，播后覆土1.5～2cm，进行镇压。夏秋茬播种后浇足水。

六、田间管理

（一）春播

播种后不浇水，出苗后不间苗，及时除草。当苗高2cm左右时，结合浇水每亩追施尿素10kg。掌握1周左右浇一次小水，约50d苗高15cm左右时即可陆续采收上市。

（二）夏播

夏播正值高温多雨季节，播种后于畦上覆盖废旧薄膜（下面甩泥浆）防雨遮阴。齐苗前浇水2~3次，出苗后撤掉覆盖，结合除草间掉过密苗。苗高5cm左右时浇水，结合浇水每亩追施尿素10kg。苗高15cm左右即可陆续采收上市。

（三）秋播

齐苗前连续浇水2~3次。出苗后控水蹲苗，结合除草及时间苗。条播株距和撒播苗距2~3cm。当苗叶色变绿后结合浇水每亩追施尿素10kg。保持地表见干见湿。当苗高30cm以上时可陆续收获上市，或在地表上冻前收获捆把儿冻藏，于冬季上市。

七、采收

芫荽采收标准不太严格，只要其商品能够食用并且市场价格较高，可随时采收。

八、病虫害防治

各农药品种的使用要严格遵守安全间隔期。

（一）病害

1. 细菌疫病

（1）与葱酸类、禾本科作物实行3~5年轮作。

（2）采用高畦栽培，雨后及时排水，严禁大水漫灌。

（3）发病初期喷洒60%琥·乙膦铝（DTM）可湿性粉剂500倍液，或新植霉素4 000~5 000倍液，或72%农用硫酸链霉素可溶性粉剂4 000倍液，或77%可杀得干悬浮剂500倍液，隔7~10d一次，共防2~3次。

2. 叶斑病

（1）选用无病种子。

（2）种子消毒。将种子放入48~49℃温水中浸30min，不断

搅拌，使种子受热均匀，浸种后放入冷水中降温，沥干播种。

（3）加强田间管理，注意通风透光，严禁大水漫灌。

（4）发病初期，喷洒75%百菌清可湿性粉剂600倍液，或50%多菌灵600倍液，7～10d一次，连喷2～3次。

（二）虫害

芫荽虫害主要是蚜虫，可用1.8%阿维菌素3 000倍液，或10%吡虫啉可湿性粉剂1 500倍液防治蚜虫。

第十二节　大棚莴笋栽培管理技术

莴笋又称莴苣，菊科莴苣属莴苣种能形成肉质嫩茎的变种，一二年生草本植物。原产中国华中或华北。地上茎可供食用，茎皮白绿色，茎肉质脆嫩，幼嫩茎翠绿，成熟后转变白绿色，一到二年生蔬菜，主要食用肉质嫩茎，生食、凉拌、炒食、干制或腌渍，嫩叶也可食用。莴笋的适应性强，可春秋两季或越冬栽培，以春季栽培为主，夏季收获。

一、茬口安排

1～4月栽培。

二、品种选择

选用耐寒、早熟、适应性强的品种，主要有北京鲫鱼笋、八斤棒、天津白皮、北京尖叶笋等。

三、育苗

（一）播种

11月上旬播种，采用干籽直播技术，利用小拱棚育苗，一般每亩需苗床6～7m^2，用种量50～60g。苗床土选择沙质壤土，播前 5～7d 每 m^2 施腐熟有机肥 10kg 或复合肥 0.5kg，基肥深翻，苗床整平整细，盖上塑料薄膜等待播种。播前浇足底水，待水渗下后，将种子掺在少量的细沙土中拌匀后撒播，播后覆土 1.5cm。

（二）苗床管理

播后盖严薄膜，夜间加盖草苫保温，幼苗出土前，晚揭早盖草苫，保持苗床温度。幼苗出土后，适当通风，白天保持床温 12～20℃，夜间 5～8℃。莴笋较耐寒，可短时间耐 0～5℃低温。苗期要适当控制浇水，苗床保持土壤湿润，避免土壤湿度过大，使叶片肥厚、平展、颜色深。

当幼苗 2～3 片真叶时，及时间苗，苗距保持 3～4cm，1 月上旬左右，当幼苗 3～4 片真叶时，分苗于营养钵内。通过间苗和分苗，可以使幼苗得到充足的营养空间，实现壮苗，防止徒长。

四、定植与定植后管理

2 月上旬，当幼苗 5～6 片真叶时，定植于大棚内。

（一）整地作畦

定植前 5～7d 进行整地作畦，施足底肥，每亩施优质腐熟有机肥 4 000～5 000kg、二铵 30kg、硫酸钾 20kg，深翻整平，做成宽 1.3～1.5m 的平畦。

（二）定植

每亩栽植 4 200株左右，株行距为 35 × 45cm。应适期早栽，使根系尽早恢复生长。栽时留主根，长 5cm 以上。宜深栽，深度以埋到第一片叶柄茎部为宜，过浅易受冻，过深不易发苗。苗周围土要压实，使根系与土壤紧密结合，定植后浇足定植水。

（三）定植后管理

前期注意中耕蹲苗，中后期加强水肥管理，促进嫩茎肥大，

并注意防治病害。

1. 温度管理

定植后至封垄前，多次中耕保墒增温，促根壮苗。生长期间注意放风排湿。莴笋茎叶生长适宜温度保持在11~18℃，特别要注意适当降低夜间温度，防止温度过高造成苗子徒长，使嫩茎细弱，影响产品产量和质量。

2. 水肥管理

定植后约15d，浇缓苗水，并亩施尿素20kg，以后深中耕进行蹲苗，使其形成发达的根系及莲座叶，控制徒长。3月上旬左右，莴笋成莲座状，心叶与莲座叶平头时，叶片已充分肥大，即将封垄，嫩茎开始加速肥大，此时开始浇水，并结合浇水亩施尿素30kg、硫酸钾20kg或莴笋专用冲施肥30kg。这次水切勿过早，否则容易徒长，使苗高、茎细，而且浇水后幼叶变嫩，遇低温后叶片变黄，影响叶面积扩大，也容易感染霜霉病。但也不宜过晚，否则叶片难以扩大，也不利于茎部肥大，而且长期干旱后，再加大肥水，茎部易裂口。以后要保持土壤湿润，地面稍干就浇，浇水要均匀。3月底至4月上旬，嫩茎肥大中后期再追肥1~2次，亩施尿素25kg或莴笋专用冲施肥25kg，也可随水灌人粪尿2~3次。追肥不可过晚，每次追肥量不宜过大，防止肉质茎开裂。嫩茎肥大后期，水不宜过多，否则产生裂茎且易生软腐病，为防止裂茎可结合喷药叶面喷施硼肥。

五、病害防治

莴笋病害主要有霜霉病和菌核病。浇完缓苗水后，注意预防霜霉病的发生，加强通风，控制棚内湿度过大，发病后每7~10d喷施50%烯酰吗啉1 000倍液或58%瑞毒霉锰锌500~800倍液，连续喷3~4次。在茎部肥大期注意防治菌核病，注意不要栽植过密及浇水过多，多通风降低棚内湿度，发病初期喷40%

嘧霉胺1 000～1 500倍液或50%万霉敌800～1 000倍液，隔10d喷一次，连续喷2～3次。

六、适时采收

4月下旬进入采收期，当心叶与外叶相平时为采收适期。莴笋在肉质茎伸长的同时，已形成花蕾，很快抽薹开花，所以，采收期很集中。收获过早，笋茎没有充分长大，产量低；收获过晚，则花茎伸长，茎皮粗厚，纤维增多，易空心，品质劣。

第十三节　豆角栽培管理技术

豇豆俗称角豆、姜豆、带豆。豇豆分为长豇豆和饭豇两种，属豆科植物。豇豆属豆科一年生植物。茎有矮性、半蔓性和蔓性3种。蝶形花科一年生缠绕草本植物，顶生小叶菱状卵形，长5～13cm，宽4～7cm，顶端急尖，基部近圆形或宽楔形，两面无毛，侧生小叶斜卵形；托叶卵形，长约1cm，着生处下延成一短距。萼钟状，无毛；花冠淡紫色，长约2cm，花柱上部里面有淡黄色须毛。荚果线形，下垂，长可达40cm。花果期6～9月。

一、茬口安排

豇豆不耐寒，在夏季炎热多雨时也生长不良。华北地区露地栽培豇豆分为春、秋两季，春季一般在4月中旬至5月上旬露地直播，6～7月收获。秋季则在6～7月露地直播，8月中旬至10月收获。由于豇豆大多数品种对日照要求不严格，利用保护地设施，如塑料薄膜拱棚，可进行春季早熟栽培和秋季延后栽培。温室秋冬茬则在9月播种，11月到12月收获。温室早春茬在2月上旬播种，4月中旬到6月上旬收获。具体栽培茬口见表2－4。本标准以春季露地栽培为主。

表2-4　豇豆全年栽培茬次

栽培方式	播种期（月/旬）	定植期（月/旬）	收获期（月/旬）	育苗场所
温室秋冬茬	9/上至9/下	—	11/中至12/下	温室直播
温室早春茬	2/上	2/下至3/上	4/中至6/上	温室育苗
塑料大棚春提前	2/下至3/上	3/下	5/上中至7/上	塑料薄膜拱棚育苗
春季露地或地膜覆盖	3/下至4/上	4/中下至5/初	5/底至6/中下	直播或塑料薄膜拱棚育苗
秋季露地	6/下至7/上	—	8/中下至10/下	直播
塑料大棚秋延后	8/上	—	9/下至11/上	直播

二、品种选择

选择优质、高产、抗病品种，如绿龙1号、丰收1号、春丰4号、双丰2号、秋抗19号等。

三、豇豆春季露地栽培

（一）整地、施基肥、作畦

栽培春豇豆，宜选土层深厚，土质疏松，两年以上未种过豆类蔬菜的春白地。经秋季耕翻，春季耙地后备用。肥料的选择和使用应符合NY/T394的要求。播前施入充分腐熟的有机肥，每亩施入5 000 kg，同时施入复合肥（$12N : 18P_2O_5 : 15K_2O$）20kg。有机肥撒施，化肥沟施。施入基肥后，做成平畦，畦宽1.5m。

（二）直播

1.播前准备

土地整平作畦后先浇水淹畦，待畦内土壤湿度适宜时再播种。适宜豇豆播种的土壤湿度是田间最大持水量的60%左右，即用手把土壤捏成团，掷落地上散碎。播前种子要进行粒选，选留品种纯、饱满、有光泽的种子，去掉破碎发霉的种子。豇豆可播干籽，也可浸种后播种。浸种时用常温水泡 3 ~ 4h，种子吸胀后即可播种。

2. 播种

春豇豆栽培要注意适期早播，当 10cm 地温稳定在 10℃ 以上时即可播种，华北地区掌握在终霜前 10d 左右。采用开沟播种或穴播，深度 4cm 左右。每畦播两行，穴距 20 ~ 25cm，每穴播种 3 粒或 4 粒。每亩用种量 4 ~ 6kg。

3. 育苗移栽

为争取早熟，春豇豆可提早在保护地内育苗。

（1）营养土方制作和营养钵准备。营养土的配制比例为有机肥 30%，田土 40%，炉灰 30%。按比例混合均匀，再加入化肥，每 1 000kg 营养土可加复合肥 1kg，过磷酸钙 2kg，草木灰 10kg，制成 8 ~ $10cm^2$ 的营养土方，每个营养土方中间打一个直径和深度均为 2 ~ 3cm 的孔。如用营养钵育苗，可先在直径 8cm、高 10cm 的营养钵内装入八成配制好的营养土，紧密码放在育苗畦内。

（2）播种。播种前营养土方或营养钵要充分浇水，确保出苗时有足够的水分。豇豆育苗期短，定植前不再浇水。每个土方播种孔或营养钵中播 3 粒或 4 粒种子，播后覆土。

（3）温度管理。播后白天保持 20 ~ 25℃，夜间 15 ~ 20℃，在适宜温度下 2 ~ 3 天即可齐苗，4 ~ 6 天子叶展开。此后应降低温度，白天 15 ~ 20℃，夜间 10 ~ 15℃。第一片真叶展开至定植前 10d，应提高温度，白天 20 ~ 25℃，夜间 15 ~ 20℃，以利花芽分化，促进根叶生长。定植前 10d 左右，开始对幼苗低温锻炼，其中前 5d 白天温度 15 ~ 20℃，夜间 10 ~ 15℃，后 5d 更低，夜间温度降到 5 ~ 12℃。

（4）水分管理。豇豆秧苗耐旱，从播种到定植基本不浇水，过于干旱时，可用水喷洒畦面，定植前一天浇水，以利起苗，水量以湿透土方为度。

（5）移栽。移栽时苗龄不宜大，豇豆育苗从播种到定植约需20～25d，当幼苗具1～2片真叶时定植。移栽分平畦移栽和开沟移栽。移栽密度要合理，每畦栽两行，若每穴栽2～3株幼苗，穴距20～25cm，若每穴栽3～4株幼苗，穴距可加大到30～33cm。每亩栽4 000～5 000穴。

四、田间管理

（一）结荚初期管理

直播豇豆出苗后由于气温低暂不浇水，而以中耕保墒为主，天气转暖后浇小水。平畦移栽的豇豆栽后浇明水，水量不宜大，水后中耕。开沟移栽的水渗后要及时封沟，待天气转暖后再浇缓苗水。豇豆进入结荚期以前，对水分反应敏感，水分多易造成徒长，使基部花序大量落花，过于干旱也会发生落花落荚称为“旱崩花”。在第3片复叶长出前，根据土壤墒情，适时浇透水，中耕蹲苗，直到第一花序基部嫩荚长到5cm左右时，结束蹲苗。

（二）结荚盛期管理

结荚盛期营养生长与生殖生长齐头并进，要求水肥供应充足，土壤湿度经常保持在田间最大持水量的60%～70%。豇豆根系吸收能力强，本身还有根瘤菌可以固氮，对养分要求并不严格，但养分不足，也会影响正常生长和发育。结束蹲苗时，结合浇水每亩追施复合肥20kg，每采收2～3次豆荚后，追施一次肥。施用微量元素硼和钼，能加速豇豆生长和发育，如用0.01%～0.03%的钼酸铵浸种或喷植株，利于早熟高产。

（三）结荚后期管理

后期已进入夏季，宜早晚浇水，热雨后压清水，随水追施复合肥10kg。

（四）插架

蔓生豇豆长到3～4片复叶时即开始抽蔓，应及时插架，使茎蔓缠绕架杆生长。

五、病虫害防治

（一）农药的选择和使用

应符合NY/T393的要求。严禁是高毒、剧毒以及“三致”农药；有效成分相同的有机合成农药一个生长期只能使用1次。按照农药安全使用标准和农药合理使用准则的要求控制施药量与安全间隔期。

（二）防治基本原则

采取预防为主，综合防治的方针，从农田生态的总体出发，以保护、利用田间有益生物为重点，协调运用生物、农业、人工、物理措施，辅之以高效低毒、低残留的化学农药进行病虫害综合防治，以达到最大限度降低农药使用量。

（三）病害

豇豆主要病害有病毒病、锈病等。

豇豆病毒病防治：病毒病有花叶型、蕨叶型、条斑型3种。①选用抗病、耐病丰产一代杂种，如睿豇2号、豇豆王子等。②加强肥水管理，增强植株抗病力。③喷洒5%盐酸吗啉胍粉剂10g/亩预防病毒病。

豇豆锈病防治：①选用抗病品种。②喷洒75%百菌清粉剂100g/亩。

（四）虫害

豇豆害虫主要有蚜虫、白粉虱等。

蚜虫防治：①用黄板诱杀有翅蚜。②喷洒5%联菊·啶虫脒乳油制剂100mL/亩等。

白粉虱防治：①用黄板诱杀成虫。②喷洒5%联菊·啶虫脒乳油100mL/亩。

六、采收

豇豆果实达到生物学成熟时采收。

生长期施过化学合成农药的豇豆，采收前1～2d必须进行农药残留生物检测，合格后及时采收，分级包装上市。

第十四节　大棚菜豆早产高产栽培技术（大棚）

菜豆一年生、缠绕或近直立草本。茎被短柔毛或老时无毛。羽状复叶具3小叶；托叶披针形，长约4mm，基着。小叶宽卵形或卵状菱形，侧生的偏斜，长4～16cm，宽2.5～11cm，先端长渐尖，有细尖，基部圆形或宽楔形，全缘，被短柔毛。总状花序比叶短，有数朵生于花序顶部的花；花梗长5～8mm；小苞片卵形，有数条隆起的脉，约与花萼等长或稍较其为长，宿存；花萼杯状，长3～4mm，上方的2枚裂片连合成一微凹的裂片；花冠白色、黄色、紫堇色或红色；旗瓣近方形，宽9～12mm，翼瓣倒卵形，龙骨瓣长约1cm，先端旋卷，子房被短柔毛，花柱压扁。荚果带形，稍弯曲，长10～15cm，宽1～1.5cm，略肿胀，通常无毛，顶有喙；种子4～6，长椭圆形或肾形，长0.9～2cm，宽0.3～1.2cm，白色、褐色、蓝色或有花斑，种脐通常白色。花期春夏。菜都在廊坊已经广泛种植。

一、茬口安排

在廊坊已经实现露地和设施相结合的周年生产种植。

二、品种选择

选择早熟、优质、抗病、丰产品种，主要品种有：白箭特嫩、加长40等架豆。

三、育苗

育苗采用穴盘基质在有电热线的温室或苗棚内进行，播种期一般在2月初，苗床管理主要以调节床温为中心，出苗后白天温度控制在20～25℃，夜间保持15℃左右。若苗床内湿度过大，及时通风散湿。移栽前一周适当炼苗，以逐步适应定植后的生长环境。

壮苗标准，锻炼好的壮苗，株丛矮而壮，根系发达，2～3片真叶，苗龄30天左右。

四、定植及定植后管理

（一）定植

在秋茬蔬菜收获后大棚外膜不撤，防止冻土层过深。2月中旬，在大棚内覆盖二层膜，尽快提高棚内地温。土壤上冻前，整地并施足底肥，即施入优质有机肥4 000kg，过磷酸钙30kg，草木灰100kg。3月初，在幼苗长到4～5片真叶时，选择晴朗天气上午定植。定植后，为了促进缓苗，应保持较高的温度，这时大棚紧闭不要通风。如遇倒春寒，在大棚四周覆盖草苫或在畦面上扣小拱棚，使棚温保持在25～28℃，夜间15～20℃。缓苗后，适当通风降温，防止徒长。

（二）定植后管理

1. 定植后至开花结荚前管理

（1）中耕培土。菜豆在定植缓苗后，即应中耕培土，使土壤疏松，有利于地温增高、促进根系生长，一般从定植后到开花

前，每隔一周左右，即中耕一次。中耕要深，随着中耕，适当向根茎部培土。以利根茎部位不断发生侧根。

（2）喷助壮素或多效唑。定植后3～5d，结合喷药对茎蔓喷施一次1 000倍的助壮素或多效唑，抑制茎蔓徒长，促进花芽分化。

（3）温度及水分管理。定植后的温度管理，通常白天温度以22～25℃、夜间以15～20℃为宜，因为菜豆花粉萌发的适宜温度为20～25℃，相对湿度为80%。到了结荚期，外界气温也不断升高，应逐步加大通风量，防止出现高温高湿而造成落花。当外界气温不低于15℃时，可昼夜通风，以降温排湿，促进开花结荚。在水分管理上，定植后3～5天浇一次缓苗水，由于菜豆具有一定的耐旱能力，所以从定植浇缓苗水后到开花前一般不再进行灌水施肥，以防茎叶徒长。开始开花时，要加大放风量，排除潮湿空气，以利于授粉，避免落花，减少病害。

（4）植株调整。在植株抽蔓前吊绳。在植株生长的过程中要及时理蔓、摘心。一般主蔓长至1.2m时，立即打去生长点，促发侧蔓，侧蔓长至4～5节时将侧蔓生长点摘除，促使早发花枝，提早结荚。同时摘除下部老叶、病叶，改善植株通风透光条件，减轻病害发生。

2. 结荚期的管理

（1）肥水管理。菜豆抽蔓后开始追肥灌水，以促进秧荚的迅速生长。可10～15d灌水一次，追施2～3次化肥，每次尿素10kg，硫酸钾15kg。用0.01～0.03%的钼酸铵喷施植株，可促进菜豆早熟并提高早期产量。

（2）通风管理。定植后一周内，一般不进行通风换气，使棚内保持高温，以利缓苗。当温度超过30℃时，中午应该短时间内通风，从缓苗到花期应保持25℃左右，以促进生长，开花结荚期在保持20℃左右的前提下，风量大，有利于授粉，结实和荚果肥大。高温高湿会引起落花，湿度应保持在75%。

3. 落花落荚的原因及解决措施

（1）生理原因。菜豆的主蔓长，节数多，花蕾特别多。叶片光合作用制造的养分不能充分满足这些花蕾的需要。为使营养平衡，必然要落下一部分花。解决措施：改善通风透光条件，合理确定密度，不宜过密。

（2）营养原因。开花期浇水过早，早期偏施氮肥。枝叶长得过于繁茂，通风不良，光照不足。肥水少，采收不及时等也可造成落花落荚。解决措施：苗期和开花期控水，多用腐熟的农家肥和优质的全营养复合肥，及时采收。

（3）授粉、受精受阻在开花期遇30℃以上高温会发生落花，当棚室温度低于13℃时也会造成落花落果。解决措施：调节好棚温，避免或减轻高温、低温的不良影响。

4. 大棚放风时叶片萎蔫的原因及解决措施

有的大棚在放风以后，植株中部叶片，3个叶片中有一个叶片发生萎蔫，像开水烫过，几天以后发黑、发霉。原因是棚内温度高，放风时间口开得过大，对流强烈，冷风吹的。解决措施：放风前要炼苗，放风口一次不要开得过大，要渐进式打开。

五、病虫害防治

（一）病害防治

开花结荚期可用2 000～3 000倍粉锈宁防治锈病；600倍液75%百菌清防治灰霉病、红斑病、炭疽病，用5%百菌清粉尘剂防治灰霉病、炭疽病。

（二）虫害防治

生长期用1 000～1 500倍40%乐果防治蚜虫，结实期用2 000～3 000倍40%菊杀乳油或3 000～4 000倍速灭杀丁防治菜青虫、甘蓝夜蛾、蚜虫、红蜘蛛。

六、采收上市

菜豆供食用的是嫩豆荚，当豆荚达到商品成熟时，要适时采收。一般定植后 35 ~ 45d 开始采收，3 ~ 5d 收获一次，结荚盛期 1 ~ 2d 采收一次。采收过晚影响品质和后续花序的结荚，采收的果荚要及时上市。

第十五节　尖椒栽培管理技术

一、茬口安排

尖椒属于喜温蔬菜，华北地区露地栽培 12 月至翌年 1 月育苗，霜期过后定植，6 月后采收。春季早熟栽培，播种期可提早到 11 ~ 12 月，5 月后收获。秋季延后栽培，5 月露地育苗，9 月后收获。温室越冬茬 7 月育苗，12 月后收获。温室冬春茬 10 月下旬到 11 月上旬育苗，3 月后收获。具体栽培茬口见表 2 – 5。本标准以春季早熟栽培为主。

表 2 – 5　尖椒全年栽培茬次

栽培方式	播种期（月/旬）	定植期（月/旬）	收获期（月/旬）	育苗场所
温室越冬茬	7/下至 8/上	10 /中下	12/上中至 6/中下	遮荫育苗
温室冬春茬	10/下至 11/上	2/上中	3/上至 6/中下	温室育苗
塑料大棚春提前	11/下至 12/中	3/下至 4/上	5/中至 8/中	温室育苗
春季露地或地膜覆盖	12/中下至 1/下	4/下至 5/初	6/上中至 8/初	温室育苗
春季露地恋秋（晚熟）	1/下至 2/中下	5/上	6/中下至 10/中	塑料薄膜拱棚育苗

二、品种选择

选择优质、高产、抗病一代杂种。保护地栽培宜选择早熟、株型紧凑、适于密植一代杂种，如中椒 5 号、京椒 5 号、津椒 5 号、冀研 5 号等。露地栽培宜选择中晚熟、叶量多、长势强一代杂种，如中椒 4 号、津椒 12 号、冀研 9 号等。

三、育苗

（一）育苗场所

塑料薄膜拱棚、温室作为育苗场所。

（二）营养土的配制

用大田地土壤配制营养土，土与有机肥的比例大致为 6∶4 或 7∶3。此外，要加入少量化肥，每 1 000kg 营养土中，加过磷酸钙 5kg，硫酸钾 2. 5kg。

（三）育苗畦或容器准备

将配制好的营养土平铺在育苗床内，平整后待播，也可将营养土装入直径 8cm、高 10cm 的营养钵或穴盘（50 穴）中，整齐地码放在苗床内待播。

（四）浸种催芽

药剂浸种：用 10% 磷酸三钠溶液或 0. 1% 高锰酸钾溶液浸种 20min 后，反复用清水清洗，之后再浸种。

温汤浸种：将尖椒种子浸入 55 ~ 60℃ 温水中，并不断搅拌，待水温降至 30℃ 时停止搅拌，浸泡 8 ~ 12h，中间反复搓洗，搓去种子表面黏液和辣味。

催芽：种子经浸泡，吸足水分，用纱布、毛巾或湿麻袋片包好，在 30℃ 条件下催芽。催芽过程中，每天要淘洗种子 1 ~ 2 次，还要翻动种子，使受热均匀，出芽整齐，当 70% 种子露白时播种。

（五）播种

播种畦内先灌水，使床土含有充足水分，要求水渗透到10cm 土层，容器内也要浇透水。水渗后撒一层过筛细土，将种子均匀撒播在苗床中，营养钵、穴盘采用点播，每穴两粒，播后覆盖1.0cm 左右厚的营养土。每亩约需种子150g。

（六）播后管理

1. 分苗前管理

种子发芽出土前要维持较高温度，苗床或育苗容器上覆盖薄膜，保温保湿。白天保持30℃左右较高温度，夜间18～20℃。幼苗出齐，子叶展开后要降温防徒长，逐渐拉大薄膜缝隙，白天25～27℃，夜间17～18℃，直至撤除薄膜。分苗前3～4d，应进一步降低温度，昼温在25℃左右，夜温在15℃左右，对幼苗进行低温锻炼，以利分苗后缓苗。由播种到分苗，一般不宜再浇水。

2. 分苗

当小苗长到2～3 片真叶时进行分苗。分苗前要备好分苗床或营养土方，或营养钵、穴盘。分苗前一天要浇起苗水，起苗时尽量少伤根，每两株一穴，栽入事先备好的分苗床或营养土方、营养钵、穴盘中，分苗应选晴天上午进行。营养钵、穴盘点播的不分苗，一次成苗。分苗床分苗操作方法与番茄同。

3. 分苗后管理

分苗后一周内，为促进根系生长，需保持较高温度，分苗床上加扣小拱棚。待新叶开始生长，根已生出，应逐步放风降温，直至小拱棚撤除。定植前，为增加幼苗对早春不良环境条件的适应性，要进行低温锻炼，定植前10～15d，白天气温降到15～20℃，夜间降至8～10℃。容器育苗通过移动容器的位置，将大小苗位置对调以使生长整齐一致。

4. 囤苗

定植前4~6天，分苗床内充分浇水，次日将苗带坨挖起，整齐的码放在苗床内，土坨之间用土弥缝，以备定植。

尖椒育苗从播种到定植约需90~120d，当幼苗具9~10片叶时定植。

四、定植及定植后管理

（一）定植、整地、施基肥、作畦

选择肥沃，排灌良好的壤土或沙壤土，定植前翻地15~20cm。肥料的选择和使用应符合NY/T394的要求，每亩施入充分腐熟的有机肥4 000~5 000kg，60%撒施，40%沟施，基肥中每亩加复合肥复合肥（12N：$18P_2O_5$：$15K_2O$）50kg。采用高畦或瓦垄畦，畦宽1.0~1.2m，畦面上开宽50~60cm浅沟，沟两侧各栽1行，畦面覆盖地膜。

（二）定植密度

开沟后，按25~33cm株距定植，每亩可栽2 500~3 000株。

（三）定植后田间管理

1. 定植至盛果期的管理

由于尖椒定植早，温度低，定植后浇水量宜小，7~8d后再浇一次缓苗水，之后连续中耕1~2次，随即蹲苗，到门椒采收前不再浇水，否则易落花落果。定植后5~6天密闭不放风，白天在30~35℃，夜间四周覆盖防冻草帘。缓苗后温度降至28~30℃，开花坐果期再降至20~25℃。之后要逐步加大通风量，只要夜温不低于15℃，要昼夜通风。

2. 盛果期管理

盛果期发秧和结果同时进行，为防止早衰，要及时采收下层果实，追肥浇水，每亩追施复合肥20kg，以利植株继续生长和开花结果。同时要进行培土，以防倒伏。培土后每亩追施尿素

10kg，促进发秧，争取尽早封垄。进入高温季节，薄膜应掀起呈天棚状，椒秧在膜下越夏。

3. 结果后期管理

结果后期要加强水肥管理，促发新枝，多结果，增加后期产量。追肥浇水交替进行，每浇 2 ~ 3 次水，追施一次肥，每亩追施复合肥复合肥（$12N : 18P_2O_5 : 15K_2O$）10kg。

五、病虫害防治

（一）病害

辣（甜）椒主要病害有病毒病、炭疽病、疫病、日灼病等。

1. 辣（甜）椒病毒病防治

选用抗病、耐病品种，如中椒 5 号、中椒 7 号、津椒 3 号、京甜 3 号等。一般辣椒比甜椒抗病，早熟种较晚熟种耐病。适当密植，及早遮严地面降低地温，减轻病害。培育壮苗，带蕾定植，加强栽培管理，增强抗病能力。定植前后喷施 5% 天然除虫菊素乳油每 40 ~ 50g/亩防治蚜虫。发病初期喷洒 20% 盐酸吗啉胍 · 乙酮可湿性粉剂 20g/亩。

2. 尖椒炭疽病防治

选用抗病品种，如国福 303、国福 401 等。实行三年以上轮作。种子消毒，种子在 55℃ 温水浸 15min 后，在常温水中继续浸种。发病初期喷洒 80% 福 · 福锌可湿性粉剂 130g/亩。

3. 尖椒疫病防治

与十字花科、豆科蔬菜轮作。选用抗病品种，如中椒 7 号、京甜 3 号、津椒 11 号等。用 55℃ 温水浸种 15min 后，在常温水中继续浸种。采用高垄地膜覆盖栽培，选用无病新土育苗，发现病株及时拔除。发现中心病株应立即喷洒 70% 丙森锌可湿性粉剂 150g/亩。

4. 尖椒日灼病防治

日灼病是生理病害，采取合理密植，与玉米等高秆作物间作，防止早期落叶，促进枝叶繁茂等农业措施防治。

（二）虫害

尖椒主要害虫有蚜虫、烟青虫、棉铃虫、红蜘蛛、茶黄螨等。

防治方法：

（1）用黄板诱杀有翅蚜。

（2）喷洒10%吡虫啉可湿性粉剂10g/亩。

（3）对于烟青虫和棉铃虫，要做好虫情预报，在卵峰期，幼虫刚孵化蛀果前喷药，成虫盛期或幼虫孵化期喷洒2.2%甲维盐微乳剂15g/亩。

注：在病虫害防治中，有效成分相同的有机合成农药一个生长期只能使用1次。

六、采收

生长期施过化学合成农药的尖椒，采收前1~2d必须进行农药残留生物检测，合格后及时采收，分级包装上市。

第十六节　甜椒栽培管理技术

一、茬口安排（表2-6）

表2-6　甜椒栽培茬口安排

栽培方式	播种期	定植期	收获期	育苗方式
温室秋冬茬	8月中旬	9月下旬	12月下旬至6月下旬	露地育苗
大棚	12月中下旬	3月下旬至4月上旬	5月中旬至8月中旬	温室育苗

（续表）

栽培方式	播种期	定植期	收获期	育苗方式
中小棚加盖草苫	11月下旬至12月中旬	3月上中旬	5月上旬至8月初	温室育苗
春露地	1月中下旬	4月下旬至5月初	6月中上旬至8月初	阳畦育苗
春露地恋秋	1月下旬至2月中下旬	5月上旬	6月中下旬至10月中旬	阳畦育苗
中小棚秋延后	5月下旬	7月中下旬	9月中旬至12月下旬	露地育苗

二、品种选择

（一）选用优质、抗病、高产的品种

如：中椒7号、德国6号、红英达、荷兰彩椒、以色列彩椒等。

（二）种子质量

净度95%以上，纯度99%，发芽率95%以上，水分含量1%以下。成熟饱满，大小均匀一致，色泽鲜亮。

（三）用种量

每亩栽培用种100～120g。

三、育苗

（一）育苗方式

利用露地或工厂化育苗。露地育苗要有遮阴、防雨、防虫设施。

（二）育苗床准备

苗床采用5m×1m的长方形南北向苗床。苗床底部与地平面相平，搂平备用。

（三）育苗器具消毒

对育苗器具用300倍液福尔马林或0.1%高锰酸钾溶液喷淋或浸泡消毒。此项工作应在育苗前15d完成。

（四）营养土配制

选用3年未种过茄科蔬菜的大田土6份，充分腐熟的猪粪4份，每立方米加入混合比例为1∶1的50%多菌灵可湿性粉剂与50%福美双可湿性粉剂的混合药剂80g，混匀后装入12cm×12cm或15cm×15cm的营养钵内，紧密码放在苗床内。

（五）浸种催芽

1. 浸种

采用药剂浸种或温汤浸种。

（1）药剂浸种。用10%磷酸三钠溶液浸种20min，或用福尔马林300倍液浸种30min，或用0.1%高锰酸钾溶液浸种20min，然后用30℃的温水冲洗干净即可催芽。

（2）温汤浸种。饱满并经过晾晒的种子用55℃温水浸种，水量为种子量的5～6倍，浸泡10min后，再放入30℃的温水中浸种6h，然后催芽。

2. 催芽

把浸好的种子用湿布包好，放在25～30℃的条件下催芽。每天用30℃的温水冲洗1次，每隔4～6h翻动一次，当60%以上种子露白时即可播种。

（六）播种

播种前将营养钵用水洇透，水渗后覆一层0.1cm厚的细土（或每立方米加入混合比例为1∶1的50%多菌灵可湿性粉剂与50%福美双可湿性粉剂的混合药剂80g），将种子播种在营养钵内，每个营养钵播种一粒种子，覆盖细土（或每立方米加入混合比例为1∶1的50%多菌灵可湿性粉剂与50%福美双可湿性粉剂的混合药剂80g）1～1.2cm。如遇低温，覆盖小拱棚。

（七）苗期管理

1. 播种后出苗前的管理

（1）温度管理。播种后地温保持25～30℃，直至出苗。

（2）湿度管理。床土湿度以相对湿度80%为宜。出苗前禁止浇水，防止烂籽烂芽。

2. 出苗后的管理

（1）温度管理。苗子出齐后，气温白天保持25～28℃，夜间18～22℃，地温保持22℃以上。幼苗达到3叶1心后，气温白天保持25～28℃，夜间保持14～17℃，地温保持20℃以上。

（2）湿度管理。甜椒苗期一般不浇水，旱时浇小水，浇后浅中耕。

（八）壮苗标准

株高18cm，茎粗0.4cm，10～12片叶，叶色浓绿，现蕾，根系发达，无病虫害。

四、定植及定植后管理

（一）定植前准备

1. 土壤消毒

采用太阳能淹水法进行消毒。夏季上茬作物拉秧后，清除棚室内植物残体，每亩用碎麦秸1 000kg均匀撒于地表，深翻40cm，浇足水，水量以地面存水5cm为宜，在水上盖地膜密封，持续20～30d即可。

2. 棚体消毒

每亩棚室用硫黄粉2～3kg，加80%敌敌畏乳油0.25kg，拌上锯末，分堆点燃，然后密闭棚室一昼夜，经放风无味后再定植。

3. 设置防虫网

在棚室通风口用20～30目尼龙网纱密封，阻止蚜虫迁入。

4. 银灰膜驱避蚜虫

地面铺银灰色地膜，或将银灰膜剪成 10 ~ 15cm 宽的膜条，挂在棚室放风口处。

（二）整地施肥

温室采用垄作栽培，在中等肥力条件下，每亩施入充分腐熟的有机肥 10 ~ 12m^3，磷酸二铵 50kg，硫酸钾 50kg，深翻30 ~ 40 cm，混匀。然后起垄，垄间距 70 ~ 80cm，垄宽 50cm，垄高 15cm。

（三）定植

1. 定植期

日光温室秋越冬茬 9 月中旬定植。

2. 定植密度

按大行距 70 ~ 80cm，小行距 40cm，株距 30 ~ 33cm 开深 12 ~ 15cm 的定植穴，单穴单株座水栽苗。

（四）定植后管理

1. 温度管理

缓苗前白天气温保持 28 ~ 32℃，夜间气温保持 18 ~ 20℃，地温保持在 20 ~ 23℃。缓苗后到门椒坐稳（直径达到 3 ~ 4cm），温度控制在白天气温 25 ~ 30℃，夜间温度控制在 16 ~ 18℃。门椒坐稳后，夜间温度提高到 18 ~ 20℃。

2. 湿度管理

空气相对湿度保持 65% ~ 75%。

3. 水肥管理

定植后及时浇定植水，7 ~ 10d 后再浇一次大水，中耕 2 ~ 3 次，促进根系生长。门椒坐稳前，一般不浇水，旱时可点水或浇小水，严禁施肥。门椒坐稳后，结合浇水每亩追施尿素 6kg，硫酸钾 4 ~ 6kg；第一次采收后结合浇水追肥 1 次，追施尿素 10kg。进入盛果期后每半月左右浇水一次，结合浇水每亩施入尿素

10～15kg，磷酸二铵10～15kg，硫酸钾20kg。在土壤缺乏微量元素情况下，现蕾至结果期喷施相应的微量元素肥料。另外可采用滴灌或者微喷进行灌溉。

4. 植株调整

及时打掉门椒以下侧枝。生长中后期及时摘除病叶、老叶，适当疏剪过密枝条。

五、病虫害防治

（一）虫害

温室甜椒主要虫害有蚜虫、白粉虱、茶黄螨等。

1. 物理防治

黄板诱杀：蚜虫和白粉虱：用废旧纤维板或纸板剪成100cm×20cm的长条，涂上黄色漆，同时，涂一层机油，挂在行间或株间，高出植株顶部，每亩挂30～40块，当黄板粘满蚜虫和白粉虱时，再重涂一层机油，一般7～10d重涂一次。

2. 化学防治

蚜虫用10%吡虫啉可湿性粉剂1 500倍液，或80%敌敌畏乳油1 000倍液喷雾。白粉虱用10%吡虫啉1 000～1 500倍液，或25%扑虱灵可湿性粉剂1 000倍液，或3%啶虫脒2 000倍液喷雾。茶黄螨用1.8%阿维菌素3 000倍液喷雾。

（二）病害

各农药品种的使用要严格遵守安全间隔期。

1. 青椒疫病

每亩用45%百菌清烟雾剂熏蒸，7d熏一次，视病情轻重熏3～4次。或用64%杀毒矾可湿性粉剂500倍液，或72%霜脲氰·锰锌可湿性粉剂500倍液喷雾，或每亩用50%安克可湿性粉剂喷雾，7d喷1次，连喷2～3次。

2. 青椒炭疽病

可用50%混杀硫悬浮剂500倍液，或10%苯醚甲环唑可湿性粉剂600～800倍液，或1：1：200倍波尔多液，或75%百菌清可湿性粉剂600倍液喷雾，7～10天喷一次，共喷2～3次。

3. 青椒病毒病

初发病用20%病毒A 400倍液或1.5%植病灵乳剂400～500倍液喷雾，7天喷一次，一般连喷3次。

4. 疮痂病

可用72%农用链霉素可溶性粉剂4 000倍液，或50%琥胶肥酸铜可湿性粉剂（DT杀菌剂）500倍液，或14%络氨铜水剂300倍液喷雾，7～10d 1次，连喷2～3次。

六、采收

门椒、对椒要提早采收，防止坠秧，盛果期应及时分批采收，减轻植株负担，以确保商品果品质，促进后期果实膨大。

第十七节　大棚胡萝卜栽培管理技术（冷棚）

一、茬次安排（表2－7）

表2－7　大棚胡萝卜栽培茬口安排

栽培方式	播期	收获期
早春冷棚	2月上中旬	5月中旬
早春小拱棚覆盖	2月下旬	5月下旬至6月下旬
春露地	3月中下旬	7月至8月
秋露地	7月至8月	10月中旬至11月上旬

二、品种选择

选用耐抽薹、品质好、产量高、中早熟的品种。优良胡萝卜品种有：超级红冠五寸人参、日本春秋三红五寸人参、改良日本五寸人参、新黑田五寸人参等。

三、播种

（一）土壤选择

选择土层深厚，土质疏松，富含有机质的沙质壤土或壤土，pH 值 6 ~ 8 较为适宜。一般选择生茬地，最好选择前茬作物是禾本科粮食作物、豆类的地块。

（二）整地、施肥

早春栽培，冬前深翻土壤进行晒垄，促进养分分解，消灭部分地下害虫；秋季栽培，在前茬收获后立即深耕 30cm，精细整地，泥土要耕耙细碎；结合深耕每亩施入腐熟优质有机肥（或腐熟秸秆堆肥）$5m^3$，加施尿素 20kg，磷酸二铵 20kg，或者每亩施三元复合肥（如撒可富）50kg 以上，另外再施入复合微生物菌肥 3kg。施肥要均匀，防止粪肥伤根烧苗。施足基肥的同时使用辛硫磷颗粒剂防治地下害虫。

（三）种子处理及催芽

播前搓去种子上的刺毛。早春栽培时，可进行浸种，用 55℃的温水浸种 15min，然后在清水中浸泡 4 ~ 6h。捞出沥干，用湿布包好（每包种子不超过 250g），放在 25 ~ 30℃的条件下进行催芽，每隔 3 ~ 4h 翻动一次种子，并用清水漂洗，等到 70% 种子露白时即可播种。夏秋生产一般可干籽直播。

（四）播种

播种主要采取起垄条播，起垄时做成鱼脊形的垄，垄高 10 ~ 15cm，垄距 20cm，垄上种植单行。播种要均匀，播种深度为1.5cm，灌一次透水。一般每亩用种量0.3~0.4kg。早春播种要提前浇水，覆膜升温，播后浇一小水。

四、田间管理

（一）早春小拱棚胡萝卜

1. 苗期管理

苗期还处于低温阶段，重点是提高温度，播种后盖膜，尽量提高小拱棚内的土壤温度，最好达到20~25℃。幼苗出土后，及时去掉地膜，白天气温超过25℃放风，低于18℃关闭风口，夜间气温维持在6℃以上。在第1~2片真叶展开时，结合放风，去除病弱苗、拥挤苗，进行间苗。在4~5片真叶时进行定苗，株距一般中小型品种10cm，大型品种15cm。结合定苗进行中耕除草。当外界气温不低于10℃时，昼夜通风，并逐渐撤掉拱膜。

2. 叶簇生长盛期

定苗后浇一水，并随水施腐熟鸡粪500kg或者尿素10kg、硫酸钾10kg。5~6叶后进入叶簇生长盛期，这一时期要适当控制水分供应，控制地上部生长，进行中耕蹲苗，结合中耕除草。

3. 肉质根膨大期

蹲苗期一个月左右结束，进入肉质根膨大期，要保证水分供应，不能过干过湿，以免产生裂根、糠心。结合浇水施两次肥，第一次在肉质根开始膨大时追肥，使用充分腐熟的饼肥150kg或人粪尿1 500kg。15d后进行第二次追肥，肥量为饼肥50kg或人粪尿500kg，硫酸钾10kg。注意：胡萝卜对鲜厩肥和土壤溶液浓度过高都很敏感，易发生叉根，应避免施用鲜厩肥或过量施肥。

（二）秋露地胡萝卜

1. 苗期管理

根据土壤情况决定胡萝卜是否浇水，幼苗期根系分布浅，吸收能力弱，应轻浇、勤浇，保持土壤湿润，维持土壤相对湿度在

65% ~80%为宜，并及时间苗，一般进行2~3次。夏季杂草滋生快，结合间苗进行人工除草，保证苗子生长。在4叶期定苗，并进行浇水施肥，施入尿素10~15kg。注意田间排涝。

2. 叶簇生长盛期

适当控水，中耕蹲苗，防止叶簇徒长。

3. 肉质根膨大期

进入肉质根膨大期要及时浇水追肥，一般分两次进行。第一次在肉质根膨大初期施入充分腐熟的饼肥150kg或人粪尿1 500 kg。第二次在肉质根膨大盛期施入氮磷钾复合肥15kg。在收获前7~10d停止浇水追肥。

五、病虫害防治

胡萝卜病害主要是软腐病、黑斑病，虫害主要是蛴螬、蝼蛄、白粉虱、蚜虫等。

（一）软腐病防治

（1）轮作；采用垄作，雨后排水；施用腐熟有机肥。

（2）及时防治地下害虫。

（3）发现病株随时拔除，并用石灰处理病穴。

（4）发病初期喷施农用硫酸链霉素4 000倍液或50%琥胶肥酸铜可湿性粉剂500倍液、77%可杀得2 000干悬浮剂500倍液进行喷雾防治，每隔7~10d一次，或者使用77%可杀得2 000干悬浮剂400倍液灌根防治。

（二）黑斑病防治

（1）无病株采种。

（2）播前种子消毒。用种子重量0.3%的50%福美双可湿性粉剂或70%代森锰锌可湿性粉剂拌种。

（3）实行二年以上轮作。

（4）及时清除病残体，适当增加灌水，促进生长，增强抗病力。

（5）发病初期喷施75%百菌清可湿性粉剂600倍液、50%扑海因可湿性粉剂1 000～1 500倍液、58%甲霜灵·锰锌可湿性粉剂400～500倍液、50%甲基托布津500倍液，每7～10天防治1次，连续喷洒2～3次。

（三）蝼蛄、蛴螬防治

（1）施用充分腐熟有机肥。

（2）灯光诱杀，设置黑光灯诱杀成虫。

（3）合理灌溉，蛴螬在过干或过湿条件下，卵不能孵化，幼虫致死，成虫的繁殖和生活力受影响，在不影响胡萝卜生长的情况下要合理灌水。

（4）毒饵诱杀，用90%敌百虫30倍液0. 15kg，拌炒香的麦麸5kg制成毒饵。每亩顺垄撒施毒饵1. 5～2. 5kg；或90%敌百虫乳油800倍液灌根，每株灌0. 15～0. 2kg药液。

（四）白粉虱和蚜虫

使用25%扑虱灵2 000倍液，10%万灵可湿性粉剂1 000倍液、10%吡虫啉可湿性粉剂2 000倍液进行喷雾防治，每隔7～10d一次。

六、收获

胡萝卜成熟时表现为叶片不再生长，不见新叶，下部叶片变黄。胡萝卜成熟时要及时收获，过早过晚采收影响胡萝卜的商品性状和产量。

第十八节　白萝卜栽培管理技术

一、茬次安排

表 2－8　白萝卜栽培茬次安排

栽培方式	播种期	收获期
春茬	2～4 月	5～7 月
秋茬	7 月	10～11 月

二、品种选择

优良白萝卜品种有：白玉春、新白玉春、超白玉春、韩雪、将军等。

三、播种

（一）播前准备

1. 土壤选择

选择土层深厚，土质疏松，富含有机质的沙质壤土或壤土。

2. 整地、施肥

深翻土壤，深度达 30cm，结合深耕每亩施入 4 000kg 腐熟有机肥和复合肥（12N：$18P_2O_5$：$15K_2O$）25kg，整平，做成鱼脊形垄，高 15cm，宽 40cm，垄距 70～80cm；采用单垄单行生产的垄距 35～40cm。

（二）播种

播种方法有两种：点播法和条播法。在实际生产中多采用点播法。单垄单行栽培时，穴距 15～20cm；单垄双行栽培时，行距 20cm，穴距 20cm。每穴播两粒种子，播种深度 1.5cm，覆土、镇压。

四、田间管理

（一）苗期管理

间苗应掌握早间苗、分次间苗、适时间苗的原则，一般间苗2~3次，第一次间苗在子叶充分展开真叶露心时进行，条播或撒播，苗距3cm左右，穴播每穴留苗2株。第二次在真叶2~3片时进行，条播或撒播，苗距6~10cm，穴播定苗。最后一次在真叶3~4片时根据品种特性留出合理距离，予以定苗。在间苗时应把遭受病虫侵害、长势弱、畸形，过密苗去掉。间苗后要浅中耕，疏松表土，除去杂草。中耕2~3次，中耕结合培土。

（二）叶簇生长盛期

定苗后浇一水，5~6叶后进入叶簇生长盛期，这一时期要控制地上部生长，适当控制水分供应，进行中耕蹲苗。

（三）肉质根生长期

进入肉质根膨大期，要保证充足水分供应，及时浇水，经常保持土壤湿润。第一次浇水在开始膨大期，结合浇水每亩冲施复合肥30kg。15d后浇第二次水，土壤相对湿度保持在65%~80%左右。

五、病虫害防治

（一）黑斑病

在发病初期喷施430g/L好力克，每亩用药10mL。

（二）软腐病

在发病初期喷施3%中生菌素可湿性粉剂，每亩用药50g。

六、采收

白萝卜达到生物学成熟时采收。生长期施过化学合成农药的

白萝卜，采收前 1 ~2d 必须进行农药残留生物检测，合格后及时采收，分级包装上市。

第十九节　草莓栽培管理技术

草莓是一种红色的水果。草莓是对蔷薇科草莓属植物的通称，属多年生草本植物，在全世界已知有 50 多种，原产欧洲。草莓的外观呈心形，鲜美红嫩，果肉多汁，酸甜可口，且有特殊的浓郁水果芳香。由于草莓色、香、味俱佳，而且营养价值高，含丰富维生素 C，有帮助消化的功效，所以被人们誉为“水果皇后”。草莓不但汁水充足，味道鲜美，还对人体健康有着极大的益处。草莓可以改善肤色，减轻腹泻，缓解疾病。与此同时，草莓还可以巩固齿龈，清新口气，润泽喉部。20 世纪传入中国。当今，美国、波兰和俄罗斯是世界上种植草莓最多的国家。中国种植草莓的时间不长，且多栽培在城市郊区，产量较多的有京、津、沈、杭等市。京津冀地区多以早春陆地草莓和冬季温室草莓生产为主。

一、茬口安排

京津地区草莓种植主要以冬季温室草莓生产为主。

二、品种选择

（一）种类

中国草莓有 8 种，即：东方草莓、西南草莓、黄毛草莓、纤细草莓、西藏草莓、裂萼草莓、五叶草莓、野草莓。中国目前广为种植的草莓是由美国产佛州草莓与智利草莓杂交选育而成，为 8 倍体草莓。

按对环境条件的适应性不同，可分为耐寒型和喜温型。

(二) 品种

中国目前栽培的草莓品种多来自欧洲、美国及日本。引进后栽培多年已经形成一些地方品种。目前，华北地区主栽的品种主要有甜查理、童子一号、红颜、章姬等品种。

(三) 种植品种

京津地区近年来冬季温室种植草莓主要有红颜、章姬、童子一号、甜查理等耐寒性的品种。

三、栽培季节和方式

在栽培方式上，除露地栽培外，还可以进行保护地栽培。其苗木逐渐向无病毒方向发展。其栽培方式大致有以下几种。

(一) 露地栽培

在田间自然条件下，经过春夏生长发育，秋季形成花芽，冬季自然休眠，翌年春暖长日下开花。4～6月间采收。采收期20～25d。

(二) 保护地栽培

草莓保护地栽培形式多样，有地膜覆盖栽培、塑料小拱棚、塑料大棚、日光温室、加温温室栽培等。

1. 地膜覆盖栽培

在露地栽培的基础上，于越冬前或早春萌芽前覆盖地膜，可使植株安全越冬，提早萌芽生长，采收期比露地栽培早7～10d。总产量增加20%左右。

2. 塑料小拱棚早熟栽培

小拱棚材料以竹木为架材，款1.5m，高50cm，长10～20m。棚架上覆盖0.06mm的聚乙烯薄膜。可在秋季10月下旬或早春2月上旬扣棚，即在草莓满足一定低温时数，即将解除自然休眠前进行扣棚。扣棚后能显著提高棚内温度，使得开花期与采收期较露地提早20d左右，单产可增加15%左右。

3. 塑料大棚早熟栽培

塑料大棚架材可选用铁制棚架或竹木棚架。能较露地提早上市30d左右。

4. 日光温室栽培

日光温室栽培是利用日光温室在冬季进行生产，将收获期安排在严冬的季节。温室栽培的品种一定要选用花芽分化早、休眠性浅、低温季节耐寒性好的品种。温室栽培一般可在元旦前后收获，采收期长达5个月。

四、京津冀温室草莓栽培技术

（一）种苗繁殖

冬季温室栽培草莓种苗繁殖主要在春夏季节，用匍匐茎繁殖。匍匐茎繁殖是目前草莓生产上普遍采用的繁苗方法，具有繁殖系数高、采苗容易、秧苗质量好、不易感染土传病害等优点。一般在前一年草莓苗的基础之上预留好用于匍匐茎繁殖的草莓母（可以理解为将移栽剩下的草莓苗作为来年的草莓母），或者是，在清明前后将第一季花期结束时的草莓移栽到平垄中（为防止消耗肥料，可以将花苞摘除，抑制其开花结果，将养料集中到草莓苗体的繁殖上）。

夏季是植物生长繁殖的茂盛期。草莓腋芽刚发出时向上生长，长到接近叶面高度时即开始平卧地面延伸生长，形成了细长而轻柔软的匍匐茎。露地栽培草莓匍匐茎一般在坐果后期开始抽生。匍匐茎从母体向四周蔓延。匍匐茎伸长一定长度后形成第一个节，其上形成一个苞片和第一节腋芽，再生长形成第二个节点、第三节点、第四节点等等。在节点处长出不定根扎入土中，形成草莓苗。依此类推，可形成一个网状的匍匐茎分枝结构。

草莓匍匐茎一般在4～9月发生。不同时期发生的匍匐茎子株草莓苗质量相差较大，同一植株上通常早期形成的匍匐茎草莓苗质量较好，离母株近的生长发育较好，代次越高的匍匐茎苗的新茎粗度越细。期间要注意除杂草、灌溉。为方便培育草莓苗，母草莓不需要修垄，而是种栽在松软的平地上，方便草莓苗的生长。一般每株草莓母可生长匍匐茎几条到十几条不等，每条匍匐茎可长出匍匐茎苗3～5棵，所以每株草莓苗繁殖的草莓苗在0～50不等，一般可以按照二三十棵计算。除此外草莓繁殖也可用种子繁殖，但是采用草莓籽来繁殖草莓种苗成活率很低，且难度大，不适合大面积种植。为了保证草莓苗的数量、草莓产量和草莓苗的健壮，采用匍匐茎繁殖，简便可行。

（二）整畦作垄

选择内地面平坦、土质疏松、土壤肥沃、酸碱适宜、排灌方便和通风良好的温室，为壮苗定植，移栽前要施足基肥，翻土作垄，一般垄高20～30cm，垄底宽70cm，垄面50cm，垄沟宽25cm。整畦作垄之前，应清除田间杂草，防治地下害虫，施足基肥，精细整地。一般翻耕30～40cm。

（三）移栽定植

在中秋节前后要将草莓苗与母体脱离、移栽（移栽的时间要根据气候的变化）。若定植过早或过晚，会影响草莓根系发育，造成减产或者成活率下降。也可在种苗繁殖是用营养钵压茎促使发根成苗。

移栽注意：

（1）草莓苗木要选择新叶正常开展，小叶对称，3片叶以上、根好的无病苗木。双行三角形（品字形，有利通风透光扎根）栽植，行距为35～40cm，穴距25～30cm。

（2）栽植深度以“深不理心，浅不露根”为宜。

（3）定向移栽，即弓背朝外，有利以后花序抽出，确保草莓花苞和果实偏向垄沟侧生长，易于后面的管理和采摘。

（四）地膜保温

（1）盖膜能成倍地增加产量，减少果实损失防止污染。膜分大棚盖膜、地膜。盖膜时间应掌握在日平均温度降到8℃左右时，开始盖膜。先盖大棚膜，后盖地膜。盖膜前先要除草、中耕、施肥，防治病虫害。

（2）随着天气变冷，要扣地膜保温，并将草莓苗处地膜撕开掏出草莓苗，让其接受光照一般采用黑色地膜，可以将除草莓苗体除外的杂草避免光照除去，黑色地膜覆盖有效地抑制杂草，保持水分和增加地温。

（五）温室放风管理

温度管理定植后初期要求白天维持25～30℃，夜间以10～15℃为宜，有利于提早开花结果。结果期白天棚温不超过20～25℃，夜间不低于5℃（温度调控目标为10℃）。相对湿度以50%左右为宜，以换气透风来调节湿度，低温高湿的环境是最主要的致病诱因。

白天适当通风，以调节大棚内的温度和湿度。傍晚时分要封闭好。打开与封闭的时间选择要根据气温的变化适当调整。

（六）中期管理

草莓在移栽一个月左右，茁长成长期间，有时可能会发现植株有黄叶子，不要担心，只要摘除就可以了，有利于草莓母体对养料的吸收和利用。

（1）冬前管理，定植成活后至11月中下旬，应注意3点。一是薄肥勤施，以氮肥为主，最好是稀粪水；二是保持湿润；三是除草松土摘老叶、病叶。

（2）开花前后管理。用托布津、速克灵等防治病虫害。

（3）越冬期管理。寒冬来临前，要注意保持室内温度，勤浇水、保温防寒。

（七）开花结果、蜜蜂授粉

温室草莓一般在移栽40天，在10月中下旬可以看到有少量地打苞开花，在元旦前就可以吃到草莓了，这时候一般每株草莓只结少量大草莓；此时要注意温室保温，使温室内的温度适宜草莓的生长，草莓较多地打苞一般在元旦前后，结的草莓是一年中最大的。

冬季棚内没有昆虫传粉，为了避免畸形果的发生，一般采用雄蜂授粉。一般每个温室放置1～2箱人工养殖的蜜蜂来授粉，视棚室大小而定。避免了全人工授粉的用工投入，提高了效率，春节后四月份左右可以撤去蜂箱。

五、主要病虫害防治

在草莓苗的培植期和移栽期，主要以白粉病、灰霉病、炭疽病发生最为普遍，防治不及时，有时会使草莓苗全部被毁。要以预防为主，注意观察，提前防止病虫害的扩散。低温高湿的环境是最主要的致病诱因，我们能做到得就是保持温室通风和药物治疗。在目前的条件下，“无公害”草莓的生产还离不开化学农药，但在使用过程中遵循“严格、准确、适量”的原则，就可以做到无公害了。

（一）主要病害防治

1. 草莓灰霉病

主要侵染花和果实。初在花萼上现水浸状小点，后逐步扩散为圆形至不定型，进而蔓延至子房和幼果，直至果实出现湿腐。防治方法如下。

（1）选用优良品种。

（2）与水生蔬菜或禾本科作物定期轮作。

（3）定植前深耕或耕地时每亩撒施25%多菌灵可湿性粉剂5～6kg，提倡高垄栽培，注意田间清洁，排水降湿。

（4）发病初期，喷洒40%多硫悬浮剂或50%多菌灵可湿性粉剂等药剂处理。

2. 草莓白粉病

主要危害叶片及果实。叶片感染时，于叶两面出现白色粉末状物质，严重时病斑相互汇合至叶片坏死；染病果实覆盖白色粉状物，即为分生孢子更或分生孢子。防治方法如下。

（1）选用抗病品种。

（2）喷洒2%抗真菌素（农抗120）或2%武夷菌素（BO-10）水剂200倍液，隔6～7d喷洒一次。

（3）发病初期可用15%三唑酮可湿性粉剂1 500倍液，或40%多。硫悬浮剂500～600倍液等喷防。

3. 草莓病毒病

草莓全株均可发病，多表现为花叶、黄边、皱叶和斑驳，病株矮化，品质变劣，结果少，甚至不结果。病株主要通过蚜虫、无性分株繁殖和根结线虫等传播。栽培年限越长，感染病毒种类越多，发病危害程度越严重。品种间抗性也有差异，但品种抗性也容易退化。防治方法如下。

（1）选用抗病品种。

（2）建立草莓无毒苗培养和生产体系，栽培无毒苗。

（3）田间采用防治蚜虫措施，发现病株及时拔除。

（二）主要害虫防治

危害草莓的主要害虫种类较多，其综合防治方法：首先要采用农业和物理防治措施，如轮作，用黄板、灯光诱杀，清除田园，杜绝虫源，人工捕杀等。螨类防治可用5%噻螨酮或2%哒螨灵2 000倍液。蓟马、斜纹夜蛾防治可用2%多杀菌素1 000倍液，或5%佛氯氰菊酯乳油1 500倍液等。蚜虫防治用10%吡虫啉可湿性粉剂3 000倍液，及阿维、哒螨、百树得等。地下害虫蝼蛄、地老虎等防治可用毒饵诱杀，金针虫用40%毒死蜱乳油

800 倍液喷洒土壤后耕翻，兼治蝼蛄、地老虎。

六、采收

采收宜在清晨或傍晚进行。用拇指和食指这段果柄，勿伤及萼片和果面。硬果品种和加工品种在充分着色后采收。软果品种和选销用果，在半着色成熟度时采收。采收后 1～5kg 不等的包装纸盒或其他容器、托盘、塑料盒等包装，在较低温度下运输。

在 -25 度低温环境下，使果实在短时间内急速冷冻，从而达到冷藏保鲜的目的。该方法可保持果实的形状、新鲜度、自然色泽、风味和营养成分，而且工艺简单、清洁卫生。苏速冻后装袋密封，放入纸箱，送入 -18 度冷冻室存放，贮藏时间可达 18 个月，可随时鲜销。

第二十节　番茄栽培管理技术

一、茬次安排（表 2-9）

表 2-9　番茄栽培茬次安排

茬次	播种	定植	收获
早春双覆盖	1 月上旬	3 月下旬	5 月下旬至 7 月
露 地	2 月上旬	4 月下旬	6～9 月
大棚早春	12 月下旬至 1 月上旬	3 月中下旬	5 月中旬至 8 月
温室秋冬茬	7 月上旬	8 月中旬	10 月至翌年 2 月
温室越冬茬	9 月下旬	11 月中下旬	2～7 月
温室冬春茬	11 月下旬	2 月上旬	4～7 月
秋延后	6～7 月	7～8 月	9～11 月
越夏	5～6 月	6～7 月	8～11 月

二、品种选择

选择抗病、抗逆性强、商品性好、高产、耐贮运的番茄品种。冬春、早春、春提前栽培选择耐低温弱光、对病虫害多抗的品种，如：金棚 1 号、东圣 1 号等；越夏、秋延后栽培选择耐热、高抗病毒病的品种，如：百利、欧粉、欧冠等；如果针对出口生产，可选种美国大红、以色列 144 或 189、中杂 9 号、金棚 1 号等品种。

三、育苗

（一）育苗场所

根据季节的不同可采用阳畦、温室、电热温床、大棚、拱棚、露地育苗，夏秋季节育苗应配有防虫网和遮阳网等设施，有条件可采用穴盘育苗和工厂化育苗，并对设施进行消毒处理。冬季在日光温室中育苗，宜选温室中部作育苗畦，这里光照足、温度高，利于培育壮苗。

（二）浸种催芽

1. 药剂浸种

将种子晾晒两个上午（禁止在水泥地面、铁板上等晾晒），然后把经过晾晒的种子用清水浸泡 3～4h。病毒病较重的地区将浸泡过的种子再放入 10% 的磷酸三钠或 0.1% 的高锰酸钾溶液中浸泡 20～30min，浸后用清水反复冲洗至中性；真菌性病害较严重的地区再用 50% 的多菌灵可湿性粉剂 500～600 倍液浸种 30 分钟，浸后搓洗干净。

2. 温汤浸种

将晾晒后的种子放入 55℃ 温水中，水量为种子量的 5～6 倍，不断搅拌，保持水温 10～15min，然后让水自然降温至 30℃，用清水洗净黏液，再静置 4～6h。

3. 催芽

将处理好的种子沥干后用湿布包好（每包种子量最好不要超过100g），在28～30℃条件下催芽，每天用清水冲洗2～3次，每3h翻动一次，一般2～3d露白。采用身体催芽法，简单实用、容易掌握，具体做法：将处理好的种子放在干布上摊开晾种，晾到种子茸毛发干后催芽。每30～50g种子用6cm×10cm的白布袋，将种子装进白布袋后扎紧袋口。再用7cm×12cm的聚乙烯塑料袋，把布袋放入塑料袋，塑料袋敞口装入衬衣口袋中，用卡针卡好衬衣口袋。每过2个h从衬衣口袋中取出种子袋，反复搅拌种子，增加透氧量，再放回。夜间睡觉时，将种子袋放入被窝。经24～36h种子基本全部出芽，等到80%种子露白时即可以播种。如不能及时播种，在10℃左右环境下，摊在湿毛巾上备播。

（三）播种

1. 营养土的配制及苗床的准备

选用无病虫源的大田土6～7份，与充分腐熟过筛的猪粪3～4份混匀，同时每立方米粪土混合物中加入0.2～0.3kg尿素、0.2～0.3kg磷酸二氢钾，70%的甲基托布津可湿性粉剂50g充分混匀，或采用2份草炭加1份蛭石加适量的腐熟农家肥，配成营养土。把营养土铺入苗床，厚15～18cm，每亩大田需要苗床6～8m^2，或将营养土装入10cm×15cm的营养钵，将营养钵紧密地码放在苗床内。

2. 电热温床的准备

严冬季节，为防止温度过低不利于苗生长，可采用电热温床育苗。在温室中部做宽1m、长5m、深20cm的畦，下铺5cm厚的麦秸或树叶等隔热物，上铺3cm的土，耙平轻踏，按每m^2 90～110W铺电热线，线上再盖5cm厚的细土，最后将营养土铺在床内或将装好土的营养钵码入床内（注意布线要均匀，覆土厚

度要一致）灌水通电，烤床升温。此项工作在播种前 3d 完成。

3. 育苗床消毒

按照种植计划准备足够的播种床。每 m^2 播种床用福尔马林 30～40mL，加水 3L，喷洒床土，用塑料薄膜闷盖 3d 后揭膜，待气体散尽后播种。

4. 播种

播种前两天浇足底墒水。如果秋季播种，浇水 2 天后地温较为适宜，冬季播种要用电热温床，把地温提高到 20～24℃，在寒冷季节，选晴天中午播种，播前再浇一次小水，筛上 2～3mm"翻身土"，潮土相对湿度 55%～60% 较为合适。播种要均匀。播后加盖小拱棚保温保湿。播种后再用筛子筛 6～8mm 的潮土，在 80% 种子"拉弓"时再筛上少量潮土，使幼苗出土整齐一致。夏季播种后应覆盖稻草和遮阳网保水降温。为防止苗期病害，可在每立方米细潮土中加入 50% 多菌灵可湿性粉剂 50～80g。

（四）播后管理

1. 间定苗

幼苗顶土后，小拱棚开始放风，齐苗后间去弱小苗、拥挤苗、异形苗。幼苗长到一叶一心至二叶一心时分苗，按 12cm × 12cm 的株行距栽植至分苗床或营养钵中。

2. 温度管理（表 2－10）

表 2－10　番茄栽培定植前 15 天温度管理一览表

时期	白天		夜间	
	土温（℃）	气温（℃）	土温（℃）	气温（℃）
播种－齐苗	20～25	25～28	22～30	18～16
齐苗－分苗	18～22	25～28	18～16	12～10
分苗－缓苗	20～25	26～30	20～18	20～18
定植前 15d	15～16	25～28	14 以上	12～8

分苗后，为加快缓苗，加盖小拱棚保温保湿，缓苗后再逐渐撤掉。

3. 苗期水分管理

缓苗后进行锄划。苗期一般不浇水，以控水为主，苗子叶片浓绿显旱时，可在晴天上午浇一小水，注意及时锄划。

4. 囤苗

定植前 7～10d 浇一次透水，水后切方，起方排紧囤于潮湿的苗床上，可按大苗在最南侧，中苗在最北侧，小苗在中间的原则囤苗。

5. 壮苗标准

冬春育苗，株高 25cm，茎粗 0.6cm 以上，现大蕾，叶色浓绿，无病虫害。夏秋育苗，4 叶一心，株高 15cm，茎粗 0.4cm 左右，苗龄 25d 以内。

四、定植及定植后管理

（一）定植

1. 土壤消毒

清除棚室内植物残体，每亩用麦秸 500～1 000kg 均匀撒于地表，深耕 45cm，做成 4～5m 宽的畦，浇足水，在水上盖膜密封，密闭温室，使 20cm 处地温达到 50℃以上，持续 15～20d 即可（此工作在夏季棚闲时进行）。

2. 整地施肥

根据不同的栽培形式施用底肥，露地栽培番茄，施用充分腐熟的鸡粪 5～6m^3，适量生物菌肥，磷酸二铵 25kg，硫酸钾 30kg，有沼气池的地方可施入一定量的沼渣作为有机肥，以上肥料 2/3 撒施，1/3 沟施，混匀耙平。保护地栽培番茄施肥量要增加一倍。采用高畦或瓦垄畦。垄高 15cm，宽 80～90cm，垄距

30～40cm。

3. 温室消毒

每亩温室用硫黄粉2～3kg加80%敌敌畏0.25kg，拌上锯末，分堆点燃，密闭一昼夜，放风无味后再定植。或提前半月扣棚密封，保持55℃高温闷棚，杀死地表及棚架上病原菌。大棚温室放风口要用防虫网阻止蚜虫、白粉虱迁入。

4. 定植密度及方法

根据品种特性、整枝方式、气候特点及栽培习惯确定定植密度。早熟栽培每亩4 500株，温室越冬茬晚熟栽培类型密度要小，每亩3 000～3 500株，越夏栽培每亩2 000～2 500株。采用大小行定植，适当深栽。露地栽培可覆盖银灰色地膜以避蚜。棚栽，垄沟要全铺地膜。

（二）定植后管理

1. 温湿度管理（表2－11）

表2－11　番茄栽培定植后温度管理一览表

生长阶段	缓苗期		营养生长期		结果期	
时间	白天	夜间	白天	夜间	白天	夜间
温（℃）	28～30	16～18	25～28	12～14	25～28	16～18
	22以上		18以上		18以上	

（1）温度。深冬生产中，在温室后墙上张挂反光幕，不但能增加棚内温度，而且还可以充分利用太阳光照，加强光合作用。反光幕在夜间和中午收起，早晚和阴天阳光弱时张挂。在越夏生产时，为了降低地温，可以在地面上铺撒稻草、麦秸等覆盖物，同时应覆盖遮阳网，以降低气温。

（2）湿度。生长前期空气相对湿度维持在75%～80%，生长中、后期维持在65%～70%，采用无滴膜盖棚，地膜覆盖，膜下暗灌、滴灌、微灌等措施，浇水在晴天上午进行，浇水后加强通风，尽量降低空气湿度。当外界最低温度 12℃ 以上时即可昼夜放风。

2. 水肥管理

露地番茄定植后及时浇定植水、缓苗水，之后中耕蹲苗，直到植株第一穗果 80% 长到核桃大小时，根据天气状况考虑浇水、施肥。一般掌握在膨果期、青熟期、红熟期施好 3 肥浇好 3 水，亩次追施氮磷钾复合肥 30 ~ 40kg，肥后浇水，期间根据秧子长势、土壤状况适当浇水补肥，保持营养状况良好、土壤见干见湿。注意：炎热季节浇水应避开高温时段、雨后应及时补浇井水。

温室、大棚定植时要浇一次透水，然后中耕蹲苗，直到植株第一穗果 80% 长到核桃大小时，根据天气状况考虑浇水、施肥。亩次结合浇水追施氮磷钾复合肥 30 ~ 40kg，同时追施腐熟鸡粪 1 000kg（在第二、第三穗果膨果期同样施入上述肥料），以后一般掌握 10 ~ 15d 一水，在生长中后期可叶面喷施 0. 2% 的磷酸二氢钾补充营养。还可补施二氧化碳气肥。另外我们也可以进行滴灌或者微喷进行灌溉施肥。

3. 保果、疏果

为提高座果率，可用保果宁、坐果乐等植物生长调节剂处理花穗。同时加上防治灰霉病的药剂。

为保障产品质量应适当疏果，大型果品种每穗选留 3 ~ 4 个果；中果型品种每穗留 4 ~ 6 个果。注意：疏果时去掉病虫果、畸形果，保留大小一致、果型周正的果实。

4. 植株调整

一般采用单蔓整枝。下部花前杈不宜早打，一般杈具备一叶一心时及时打掉，开花后随出杈随打掉，第三穗花蕾出现后，在穗上留 2 ~3 片叶摘心。随着生长，随时去掉下部的老叶、病叶

和侧枝、侧芽，带出田外深埋销毁。

五、病虫害防治

（一）病害

番茄主要病害有早疫病、晚疫病、叶霉病、灰霉病、病毒病等，防治病害首先选择抗病品种，实行轮作，加强栽培管理，增强植株抗性。

1. 叶霉病

（1）生态防治。保护地加强放风，降低湿度至80%以下，在光照充足情况下短时间增温至32℃，抑制病害。

（2）化学防治。发病初期摘除下部病叶，喷布保护性杀菌剂1∶1∶200波尔多液或24%武夷霉素（BO－10）水剂200倍液，7天一次，发病期使用47%加瑞农800倍液喷雾防治。保护地每亩使用40%百菌清烟熏剂250g熏棚。

2. 灰霉病

（1）生态防治。加强通风管理，降低湿度，特别在浇催果水前和发病后，适当控制浇水，严防浇水过量；发病后上午闭棚升温至32～34℃再放风降温。

（2）在蘸花时可加入速克灵、扑海因、万霉灵等药剂。

（3）收拾败花放在塑料袋中带到棚外，发病后及时摘除病果、病叶和侧枝、销毁或深埋。

（4）化学防治。在发病前使用1∶1∶200波尔多液，或2%BO－10水剂100倍液预防，发病后用40%嘧霉胺可湿性粉剂500～600倍液，或70%乙霉威可湿性粉剂800～1 500倍液防治，注意用药重点部位是花穗。保护地可用速克灵烟剂防治。

3. 早疫病

（1）生态防治，加强通风降湿，使空气湿度降到80%以下。

（2）及时摘除下部老叶，早期发现病叶、病株及时清除并销毁或深埋。

（3）在茎部和分枝处发病，及时刮治，即刮除病斑，涂刷50%多菌灵1份+50份米汤（病斑大时要分期涂抹，避免环涂药液）。

（4）发病期喷58%甲霜灵·锰锌可湿性粉剂500倍液、64%杀毒矾可湿性粉剂500倍液等药剂防治。

（5）保护地每亩用250g百菌清或克露烟剂熏棚。

4. 晚疫病

（1）生态防治。加强通风降湿，使空气湿度降到80%以下，早晨放风30分钟，降湿后闭棚升温。

（2）早期摘除病叶销毁。

（3）化学防治。在出现病株后用72.2%普力克水剂800倍液或72%克露可湿性粉剂500倍液、69%安克·锰锌可湿性粉剂900倍液喷雾或每亩用百菌清烟熏剂250g熏棚。

5. 病毒病

（1）培育无毒壮苗。

（2）避免高温干旱，均匀供水，防止过干过湿。

（3）消灭蚜虫、白粉虱，防止传毒。

（4）在定植后14d、初花期、盛花期用100倍NS83耐病毒诱导剂喷雾。

（5）发病后，使用抗毒丰、植病灵、病毒A、黄顶曲叶病毒灵等进行喷雾防治。

6. 溃疡病

（1）严格检疫。

（2）种子处理。用55℃温水浸种30min或70℃干热灭菌72h，硫酸链霉素200mg/kg浸种2h。

（3）与非茄科作物实行3年以上轮作。

（4）发病后用14%络氨铜水剂300倍液或77%可杀得500

倍液或72%硫酸链霉素4 000倍液等药剂进行喷雾防治。

（二）虫害

番茄害虫主要有蚜虫、白粉虱、棉铃虫、烟青虫。

1. 棉铃虫、烟青虫

化学防治。当百株卵量达20~30粒、50%卵变黑时为最好，残虫量达到15头时，用BT乳剂300倍液，或用25%溴氰菊酯乳油3 000倍液或80%敌敌畏1 000倍液喷雾一次。喷药应距采收10d以上。

2. 蚜虫、白粉虱

（1）培育无虫苗，在移苗前喷洒0.3%苦参碱植物杀虫剂1 000倍液，防止将蚜虫、白粉虱带入温室；消灭前茬和温室周围的虫源。

（2）黄板诱虫。在黄漆漆过的旧纤维板上涂机油，挂在行间，高出植株顶部，每亩30~40块，7~10d重涂一次。

（3）以虫治虫，以丽蚜小蜂控制白粉虱的危害。

（4）保护地内可用22%敌敌畏烟剂500g/亩熏棚。

六、二次坐果技术

本技术关键是保秧、防病、夺高产。

（一）整枝

方法是：头茬果的第二穗果已经基本采收完，第三穗果部分采收时，位于第三穗果附近的侧枝已经长出，此时追施一次氮肥，每个80m温室施尿素30kg。当侧枝长到10cm时，选留长势好、长度基本一致的侧枝用作第二茬结果。在头茬果采收以前去掉第一穗果以下的老叶，二穗果采收后，去掉二穗果以下的老叶，第三穗果采收后10d再去掉第三穗果以下的老叶。选择晴天的中午或下午，将已经去掉老叶的番茄茎落下来，新叶片距离垄面20~30cm。视二茬果长势情况，留3~4穗果摘心。

（二）水肥管理

此期与头茬果相比，土壤供肥能力下降，植株长势减弱，对水肥的需求量较大。施肥的重点是根施氮钾肥结合叶面喷施。亩次结合浇水追施氮磷钾复合肥 40 ~ 50kg，同时追施腐熟鸡粪 1 000kg。可叶面喷施 0.2% 的磷酸二氢钾补充营养。供水要均匀，既要防止干旱，又要防止水量过大。

七、采收

及时分批采收，减轻植株负担，以确保商品果品质，促进后期果实膨大。产品质量符合 NY 5005 的要求。

第二十一节　茄子栽培管理技术

茄子是我国的主要蔬菜之一，栽培历史悠久，种植区域广泛，茄子又名落苏，属茄科，一年生草本植物。食用幼嫩浆果，可炒、煮、煎食和盐渍。目前茄子市场需求量较大，特别是利用温室、大棚种植茄子，可实现错季生产，生产效益较高，发展前景广阔。现将茄子栽培技术介绍如下：

一、生物学特性

茄子为直根系，育苗移栽后主要根系分布在 30cm 以内，株高 1 ~ 1.3m，茎直立而粗壮，基部木质化，分枝性强，向四周开张。单叶互生，卵圆形至长椭圆形。叶柄长，叶身大，容易招风倒伏，栽培时需要培土。花紫色或白色，单生或序生，着生于节间。花序间隔 4 ~ 5 叶，雌雄同花，自花授粉，天然杂交率达 6.67%。果实为浆果，形状有长、圆、椭圆等。果色有深紫、紫红、白色与绿色。

茄子为喜温喜光性蔬菜，对温度的要求高于番茄，耐热性较

强，结果期间的适宜温度为25～30℃；茄子生育期间需水量大，通常以土壤最大持水量的70%～80%为宜；结果期果实与茎叶同时生长，需肥量大，对矿物质肥的要求以钾最多，氮次之，磷最少。

茄子的生长发育可分为3个时期：发芽期、幼苗期和开花结果期。其中：发芽期是从种子吸水萌动到第1片真叶出现，10～15d；幼苗期是从第1片真叶出现到第1朵花现蕾，50～60d；门茄现蕾后进入开花结果期，茎、叶和果实生长的适温白天25～30℃，夜间为16～20℃。

二、类型和品种

栽培的茄子有长茄、圆茄和矮茄3个变种。

目前，茄子品种多种多样，应选择适合本地生长、高产、优质的品种，另外，不同的栽培模式应选择不同的品种，如露地栽培应选用商品性好，抗寒抗病性强、丰产稳产、耐弱光、适于密植和品质优良的品种，如北京七叶茄、九叶茄、天津大珉茄、‘农大601’等；日光温室茄子栽培应选用抗寒性强，耐弱光、抗病性强的品种，比较适宜的品种有早熟京茄一号、北京五叶茄、六叶茄、京圆一号、圆杂16号等；大棚茄子种植时，需要选用抗病性强、品质好、商品性好、产量高的优良品种和杂交种，常见的品种有：黑宝、墨圣、京茄一号、二号和三号等。

三、育苗定植

1. 育苗

一般都是先育苗后定植，播种前，先浸种催芽，每公顷播种量为0.5～0.7kg。播种后要求温度保持25～30℃才能迅速出苗，出苗后夜间应保持12～15℃，白天为20～26℃。幼苗生长期要进行1～2次间苗，间去过密及过弱的苗。另外，茄子嫁接育苗技术在生产中广泛应用，嫁接育苗对土传病害如茄子黄萎病等病害防治效果明显，增产幅度显著。嫁接用的砧木主要有托鲁巴姆、刺茄、刚果茄等。

2. 定植

露地茄子定植期一般在春季终霜后，多用畦栽或垄栽，晚熟品种用垄栽，易于培土。垄栽时常用“水稳苗”，即先在垄沟内灌水，趁水尚未渗下时将茄苗按株距插入沟内，待水渗下后再覆土，3～5d 后，灌水一次。定植不必过深，以土埋过土坨或与秧苗的子叶平齐为宜。定植后，浇一次稀薄的液体农家有机肥或硫酸铵水溶液，作为“催苗肥”，对于新根的发生有良好的效果。

设施越冬茬和早春茬栽培时，棚内 10cm 地温要控制在 12～15℃以上，才能保证茄子正常生长。因此，要求定植前 10～15d 扣棚提温，并浇水造墒。整地施肥后，按照定植株行距起垄。一般早熟品种株型矮小，垄宽 60cm，株距 30cm，每亩定植 2 500～3 000株。应选晴天进行，按株距在垄上开 10cm 深的定植穴，在穴里浇足水，当水渗下一半时，将带土坨的茄苗放入穴中，水渗下后覆土。定植后，将垄面整修，再覆盖地膜，打孔，把茄苗引出膜外，将膜拉紧盖严，用土压实。为促使缓苗，可创造高温高湿条件，但此后的温度应该控制在 30℃左右，不宜过高或过低。除定植水和缓苗水以外，开花前基本上不浇水，以防止水分过多，造成植株徒长和落花落果。坐果后又不可缺水，空气湿度应该控制在 55%左右。茄子喜肥，在果实膨大期可追肥 1 次，盛果期追肥 1～2 次。

四、定植后管理

1. 补兜全苗

要逐兜进行检查，对缺苗要及时补上。早期有小地老虎幼虫为害，时常将茎部咬断，可于清晨在断苗处挖开畦上，将其找出

后杀死，再行补上缺苗。补苗后要及时浇上清水以利成活。

2. 中耕追肥

茄子是需肥量大的蔬菜，移栽苗成活后，一般每10～12d需追一次肥，前期以15%～20%浓度人粪为主，适当添加一点化肥，追肥一般结合中耕进行，早期中耕除草松土，深度为4～6cm，中、后期中耕松土，深度浅一些，为3cm左右。当“门茄”达到“瞪眼期”（花受精后子房膨大露出幼果时），果实开始迅速生长，此时进行第一次追肥。亩施纯氮4～5kg（尿素9～11kg或硫酸铵20～25kg），当“对茄”果实膨大时，进行第二次追肥，“四面斗”开始发育时，是茄子需肥高峰，要进行第三次追肥。前三次的追肥量相同，以后的追肥量可减半。

3. 整枝打叶

整枝摘心、密植摘心栽培是茄子早熟、丰产、增收的关键措施之一。每株留3～5个果时摘心。茄子生长过程中要不断除去对茄以下过多的侧枝，中后期分次摘掉下部病、老、黄叶，以利通风透光。

4. 防止落花

在茄株早期开花的花，由于低温阴雨等原因，导致落花严重，有条件的地方，可采用药剂防沾落花，一般用2，4-D（滴）20～30mL/L或PCPA25～40mL/L的稀释液，放入小喷雾器内，对花喷雾。注意只能喷一次，以后气温回升，最低温度达15℃以上时，就可以不作药剂处理了。

五、病虫害防治

1. 病害

苗期病害主要有猝倒病，立枯病。发现病株后及时拔除集中拿出温室再作处理。另用25%阿米西达悬浮液1 500倍液喷洒即可，还可采用68%金雷水分散颗粒600倍液或64%杀毒矾可湿性粉剂500倍液或75%达科宁可湿性粉剂600倍液防治。生长期病害：主要有灰霉病、绵疫病、褐纹病等。防治灰霉病，保护地棚室注意节水控湿，加强通风透光，及时清理病残体。因茄子灰霉病是花期侵染，茄子蘸花时可将飞好的蘸花液加入1%的50%利霉康可湿性粉剂或施加乐、农利灵等进行蘸花或涂抹。另外，用25%阿米西达悬浮剂1 500倍液或达科宁600倍液喷施预防。防治绵疫病，可选用抗病品种，合理轮作倒茬。预防可选用75%达科宁可湿性粉剂600倍液，或25%阿米西达悬浮剂1 500倍液。治疗药剂可用68%金雷水分散粒剂600倍液或25%阿米西达悬浮剂1 500倍液喷施。防治褐纹病，可采取25%阿米西达悬浮剂1 500倍液预防，也可选用75%达科宁可湿性粉剂600倍液或10%世高水分散粒剂1 500倍液等喷雾。

2. 虫害

茄子生长时期的主要虫害主要白粉虱、蚜虫、茶黄螨、红蜘蛛等。可用25%阿克泰水分散粒剂2 000～4 000倍液、阿维菌素2 000倍液、10%吡虫啉可湿性粉剂1 000倍液喷雾。

六、适时收获

茄子从开花到采收嫩果，如果管理正常，一般需要20～25d。果面光泽尚未退去时即可采收。采收茄子的适宜时间为早晨，此时果实饱满，色泽鲜艳。

第二十二节　丝瓜栽培管理技术

一、茬口安排

现在丝瓜生产在廊坊已经实现春夏露地栽培和秋冬季节温室栽培周年生产种植。

二、品种选择

宜选用植株生长旺盛、适应强的品种，如圆筒丝瓜。

三、播种

1. 播前整地施肥

播种前结合耕翻，每亩施优质厩肥 5 000kg 以上，整平耙均后，沿种植行开沟，每亩再施过复合肥复合肥（12N：$18P_2O_5$：$15K_2O$）40kg，腐熟饼肥 100kg；然后封沟起垄，准备种植。

2. 播种时间及栽培方式

丝瓜可于 4 月上旬进行直播，也可育苗移栽。栽培方式一般采用起垄大小种植，大行距 70cm，小行距 60cm，株距 30cm，每亩 3 400株。

3. 播种、育苗

播前用 50～60℃温水浸种 10min，冷却后浸泡 24h，取出用混布包好放置 28～32℃处进行催芽，每天用清水冲洗一次，待种子大部分露芽时即可播种。播种时先浇足底水，播后覆土 1.5cm，直播田可开沟播在垄背两侧，3～4d 幼苗即可出土。当幼苗长到 1～2 片真叶时，直播田可进行间苗，定植田可进行移栽，每穴只留一株壮苗。

四、田间管理

1. 调整好温度和光照

丝瓜在整个生长期都要求有较高的温度，生长最适温度为 20～24℃，果实发育最适温度为 24～28℃；15℃左右生长缓慢，低于 10℃生长受抑制。

2. 适时浇水追肥

丝瓜苗期需水量不大，可视墒情适浇小水 1～2 次，当蔓长到5cm左右时，结合再次培土，每亩追施复合肥20kg，浇大水一次。开花结果以后，一般7~8d浇一次水。

3. 搭架绑蔓，植株调整

丝瓜的茎蔓最长可达7~8m，当蔓长到25cm左右时即需搭架。为减少架杆占据空间和遮阳，一般用铁丝或尼龙绳等直接系在大棚支架上，使其形成单行立式架，顶部不交叉，按原种植行距和密度垂直向上引蔓。蔓上架后，每4~5片叶绑一次，可采用“S”形绑法。

五、病虫害防治

1. 病害

丝瓜主要病害有霜霉病、疫病等。

丝瓜霜霉病防治：①采用地膜覆盖高垄栽培，采用滴灌、管灌或膜下暗灌的方式灌水。②定植前喷药预防，在出苗后二叶一心至结瓜前用高锰酸钾600~800倍液喷雾，5~7d一次，连喷4次。③发现中心病株应立即喷洒75%百菌清可湿性粉剂每亩制剂100~120g（1，7）。

丝瓜疫病防治：①选用抗病品种。②温汤浸种，用55℃温水浸种30min，再在常温水中继续浸种。③发现中心病株应立即喷洒70%的丙森锌可湿性粉剂一次，每亩制剂125g~188g。

2. 虫害

丝瓜害虫主要有蚜虫、白粉虱等。

①用黄板诱杀成虫。②喷洒5%联菊．啶虫脒乳油一次，每亩使用制剂100mL；或10%吡虫啉可湿性粉剂喷雾一次，每亩使用制剂10g。

六、采收

丝瓜果实达到生物学成熟时采收。生长期施过化学合成农药

的丝瓜，采收前1~2天必须进行农药残留生物检测，合格后及时采收，分级包装上市。

第二十三节 日光温室黄瓜栽培管理技术

一、茬次安排

表2-12 温室黄瓜栽培茬次安排

茬次	播种期	定植期	收获期	育苗场所
春茬	2月上旬至3月上旬	3月中旬至3月下旬	5月上旬至7月上旬	温室
夏茬	6月下旬至7月上旬	—	8月中旬至9月底	露地、温室、冷棚
秋冬茬	7月中旬至8月上旬	—	9月下旬至12月中下旬	露地、温室、冷棚
越冬茬	9月下旬至10月中旬	10月下旬至11月上旬	12月至次年6月	日光温室
冬春茬	12月上旬	1月上旬	2月上旬	日光温室

在廊坊市现在主要以越冬一大茬温室黄瓜为主要栽培模式。

二、品种选择

温室黄瓜深越冬茬栽培，宜选用耐低温弱光、抗逆性强、优质、高产、商品性状好的品种。如博美169号、津优35号、津优36号、津冬等。

常用砧木品种有：白籽南瓜火凤凰。

三、嫁接育苗

（一）配制营养土

选用地力比较肥沃并且没有种过果菜类蔬菜的大田土，以禾本科、葱蒜类的表层土为好，打碎、过筛。配制营养土的肥料一般选用充分腐熟的农家肥（猪粪、厩肥、草木灰、人粪尿等），将大田土与腐熟农家肥过筛后按6∶4（适合沙壤土）或7∶3（适合壤土或壤土偏黏）的比例混合均匀，每立方米营养土加50%多菌灵可湿性粉剂80g、辛硫磷50mL、磷酸二氢钾0.2kg、尿素0.1kg，充分混匀。

（二）做床

在廊坊40型温室内做长5～5.5m、宽1～1.3m的畦，畦底与地面相平，并用脚踏实，浇水浸透。然后将配制好的营养土铺到床底上，形成厚度12～15cm的地上床，将床面搂平并稍加镇压，浇水浸透，覆膜升温。此项工作在播种前7～10d完成。按照种植计划准备足够的播种床，接穗和砧木的苗床要间隔一定距离。

（三）播种量的确定

每亩栽培面积育苗用种量黄瓜0.2kg，黑籽南瓜2kg，或白籽南瓜1.5kg。

（四）种子播前处理

播种前均要进行种子消毒。将黄瓜子和南瓜籽在阳光下晾晒两个上午（注意不要在水泥地面上），一方面消灭种子表面部分病原菌；另一方面增加种子通透性，提高发芽势。将晾晒的种子进行温汤处理或药剂处理。温汤处理：先将种子浸入55℃温水中保持10～15min，不断搅拌至常温，然后换入清水中搓洗干净，再放入30℃温水中浸泡6h。药剂处理：一般用50%的多菌灵溶液500倍液浸种1h，然后用清水淘洗干净，再用温水浸泡

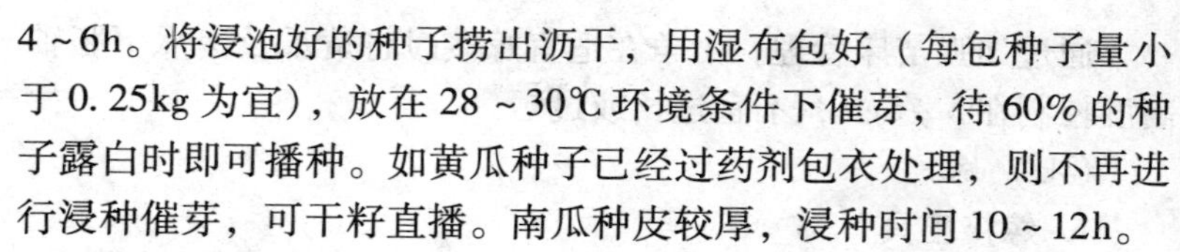

4～6h。将浸泡好的种子捞出沥干，用湿布包好（每包种子量小于0.25kg为宜），放在28～30℃环境条件下催芽，待60%的种子露白时即可播种。如黄瓜种子已经过药剂包衣处理，则不再进行浸种催芽，可干籽直播。南瓜种皮较厚，浸种时间10～12h。

（五）播种

1. 播种顺序

采用不同嫁接方法时，黄瓜及南瓜播种先后顺序不同。靠接时，黄瓜应比黑籽南瓜提前5～7天播种，比白籽南瓜提前2～3天播种；插接时，南瓜应比黄瓜提前4～5天播种。

2. 播种密度

黄瓜种子尽量稀播，一般掌握每50g种子不小于3m²；南瓜应尽量密播，一般400～500g/m²，以不互相叠压为好。

3. 播种方法

黄瓜：当苗床温度（10cm）稳定通过18℃时可以播种。方法：播种前在床面喷一次小水，待水渗干后，铺撒0.1cm厚的过筛细土，然后将种子均匀点播或撒播到床面，上覆1cm厚的潮湿药土（每立方米细土加80g 50%多菌灵），并覆盖小拱棚。南瓜：当苗床温度（10cm）达到24℃以上时即可播种，播种方法同黄瓜，不同的是覆土厚度为2cm。

（六）播后管理

1. 黄瓜

播种后至出苗前，保持地温25℃以上。苗齐后苗床适宜温度白天22～25℃，夜间14～18℃，在苗床上分2～3次筛药土，厚度0.5cm。注意增加苗床光照强度及适度通风、降湿。

2. 南瓜

播种后至出苗前，地温最低24℃，最适温度28～30℃。苗齐后保持适宜温度白天22～25℃，夜间14～18℃，并注意增加苗床光照强度及适度通风、降湿。注意播种至嫁接前严禁浇水。

通过加强苗床管理，力争在适宜嫁接时将黄瓜及南瓜下胚轴高度控制在5～8cm，不宜过长或过短。

（七）嫁接

1. 嫁接工具

嫁接所用工具：竹签、刮脸刀片、嫁接夹、托盘等。

2. 嫁接方法

（1）嫁接方法。靠接法、插接法。

（2）靠接法。适宜嫁接苗龄为黄瓜第一片真叶半展至展开、南瓜子叶展平破心。嫁接前一天黄瓜苗床要浇水，以便于起苗。用竹签挖取砧木苗子和接穗苗子，抖去根部泥土，分别放在两个托盘内。取黄瓜苗，从子叶节下2～2.5cm处用刮脸刀片自下向上斜削（刀口与子叶平行方向），刀口深达茎粗的2/3，刀口长1cm。再取南瓜苗，剜去生长点，找到窄面自子叶节下0.5～1cm处用刮脸刀片自上而下斜削，刀口深达茎粗的2/3，长达1cm，然后把黄瓜苗和南瓜苗插靠在一起，自黄瓜苗向南瓜苗方向用嫁接夹排列夹好。将嫁接好的苗按株行均为12～15cm的距离，刀口距床面2～3cm，将苗子定植在苗床上或营养钵中，浇透水，并且加盖小拱棚保温保湿。

（3）插接法。适宜嫁接苗龄为黄瓜子叶展平或破心、南瓜第一片真叶初展。嫁接前一天黄瓜苗床要浇水，以便于起苗。用竹签挖取砧木苗子和接穗苗子，抖去根部泥土，分别放在两个托盘内。首先，用竹签剔除南瓜生长点，然后用一根直径比黄瓜幼茎略粗的椭圆形竹签，削一楔面、光滑，楔面向下，从南瓜子叶基部一侧向另一侧子叶方向斜插纵深0.5～0.7cm的插口；黄瓜于子叶节下方1cm处斜切去掉根部，切面长0.5～0.7cm。然后将砧木苗端的竹签抽出，并立即插入接穗，黄瓜和南瓜的接口即可密切结合。嫁接后黄瓜于南瓜子叶应平行分布，以便南瓜子叶托起黄瓜子叶面。然后将嫁接苗栽入营养钵或苗床上，浇透水并

加盖小拱棚。

无论采用靠接法或插接法均应避免切（插）口与土壤接触，以免被污染。

（八）嫁接后苗床的管理

1. 第1~3d的管理

（1）湿度。密闭小拱棚保湿，使空气相对湿度达95%以上。

（2）温度。地温22℃以上，气温白天25~28℃，夜间18℃以上。

（3）光照。遮花荫。

2. 第4~7d的管理

（1）湿度。小拱棚开始放风，风口由小到大，放风时间由短到长至逐渐撤掉小拱棚，空气相对湿度保持85%~90%。

（2）温度。地温18℃以上，气温白天25~28℃，夜间18℃以上。

（3）光照。逐渐加大见光量、延长见光时间至撤掉遮光物全天见光。

3. 第8~12天的管理

（1）湿度。空气相对湿度80%~85%。

（2）温度。地温16℃以上，气温白天28~32℃，夜间14~18℃。

（3）光照。早揭苫、晚盖苫，尽量多见光。

4. 第12天以后的管理

当接穗开始生长时，开始断根，即把黄瓜苗的根用刀片削断并去掉刀口至根部的黄瓜茎。断根前一天喷50%多菌灵800~1 000倍液，断根的当天上午10：00至下午14：00要适当遮阴，以防由于暂时缺水造成接穗过度萎蔫而死亡。一般遮阴1~2天即可。断根后一般不再浇水，土壤相对湿度保持75%~80%，白天温度26~28℃，夜间12℃为宜，定植前5~7d进行低温炼苗，白天苗床温度 28 ~ 30℃，夜间逐渐降到 8℃。

5. 剔除侧芽

无论采用哪种嫁接方法，一旦砧木有新侧芽长出，应及时剔除。

四、定植及定植后管理

（一）定植前准备

1. 温室消毒

一般每 100m² 温室面积用硫黄粉 20g、敌敌畏 50g、锯末 500g 混匀后点燃、熏烟，密闭 24h 以上。此项工作应在育苗以前完成。

2. 施肥、整地、作畦

定植前应施足底肥，以有机肥为主。一般每个温室（80m）要施入腐熟鸡粪 14 ~ 16 立方米，磷酸二铵、硫酸钾各 25kg。于 9 月下旬将备好的鸡粪、化肥深翻 40cm，充分混匀土肥。利用育苗期间的空闲时间，起垄作畦，行距 50cm、70cm 或 60cm、80cm，垄高 15 ~ 18cm，垄背宽 15cm 左右，踩实垄背后准备定植。

（二）定植

1. 定植期

黄瓜定植一般在 10 月下旬至 11 月上旬。此时苗龄一般 25 ~ 30 天左右，植株达到三叶一心应及时进行定植。

2. 定植密度

采用大小行栽培，株距 28 ~ 33cm，每亩 2 900 ~ 3 300株。

3. 定植方法

定植时要遮阴，剔除弱苗、病苗、小老苗，选择大小一致的幼苗定植。定植前不摘除嫁接夹。定植的位置以垄肩部为宜，定植深度以土坨表面略高于地表为宜（嫁接夹距垄面

不少于1cm)。

（三）田间管理

1. 缓苗期的管理

主攻目标：增温保温，加速缓苗。

(1) 湿度调节。秧苗定植后，随即浇一大水，大小垄一起浇，浇透为止。这一水非常关键，必须浇透浇匀，以漫过土坨表面为宜。对于沙壤土如果定植水浇得不均匀，应在7天内及时整平垄沟，补浇缓苗水；对于壤土（壤土偏黏）一般不用补浇缓苗水。待水下渗后，要及时浅中耕，结合中耕弥堵土坨与垄面之间的空隙。当表层土中午见干时停止中耕，中耕期间注意定时放风，防止棚内相对湿度过大，一般定植后持续5~7d，可覆盖地膜保温保湿。

(2) 温度调节。

定植后，一般掌握白天气温30~32℃，夜间18~20℃，地温18℃以上。缓苗后白天气温28~30℃，夜间10~14℃，地温18℃以上。

2. 缓苗至根瓜采收前的管理

主攻目标：控上促下，也就是控制地上部的生长，促进根系发达，达到蹲苗的目的。主要管理措施：

(1) 温度调节。此期应进行大温差管理，一方面促进花芽分化，另一方面利于营养积累，使秧苗健壮。一般白天温度控制在28~32℃，夜间8~12℃，地温不低于14℃。

(2) 湿度调节。在浇足定植水的情况下，此期一般不追肥浇水，当土壤相对湿度低于60%时可适当浇小水。在定植到根瓜（瓜把变黑）采收前，中耕1~2次，深度3~5cm为宜，要由浅入深，操作行可深些，距离根部10cm左右适当浅些。中耕的作用主要是创造良好的透气环境，增加根系的透气量，促进微生物活动，调节土壤水分。

（3）光照调节。此期尽量延长光照时间，坚持早揭苫、晚盖苫，保持棚膜清洁。

（4）吊蔓。当黄瓜蔓长30cm以上时，及时用塑料绳或麻绳进行吊蔓。吊蔓后将嫁接夹取下。此项工作在11：00至16：00进行为宜。

3. 采收初期至盛瓜期的管理

主攻目标：满足黄瓜营养生长和生殖生长均衡发展所需的温光水肥条件，利用生态方法控病，培育壮秧，实现连续结瓜。主要管理措施：

（1）温度、光照调节。12月中旬以后，黄瓜进入始收期，标志着由营养生长为主、生殖生长为辅转向生殖生长和营养生长并进阶段。外界温度越来越低，光照时间越来越短，光照强度也越来越弱，低温和缺光成为主要矛盾。此期管理以保温、增加光照为主。一般白天温度尽量达到26～30℃，夜间温度不低于12℃左右，最低气温应保持在8～10℃，地温越高越好。在保证最低温度的情况下，草苫拉得越早越好，遇到雪天、连阴天，也要坚持拉苫，杜绝阴雪天不揭苫的做法。一是进入低温期尽量少浇水，以保持地温。二是可在温室前底角加一层防寒苫，设置防寒沟。三是适当增加草苫的覆盖率，增强保温性。四是及时擦净棚膜，增加棚内光照。

（2）湿度调节。此期土壤湿度调节的原则为：宁可干点儿，决不能过湿。可采用滴灌或者微喷进行灌溉一般土壤相对含水量不低于65%不浇水，浇水时浇小沟不浇大沟，浇水量不宜过大。并应注意下午不浇上午浇，阴天不浇晴天浇。空气相对湿度以70%～75%为宜，特别时遇到连阴天，也要短时放风。

（3）追肥。由于底肥充足，此阶段养分消耗较少，可随水适当追肥，追肥的种类以撒可富、芭田等氮磷钾复合肥为主，每个温室追肥量在30kg左右，也可随水冲施腐熟粪稀200～300kg。

结合防病可喷施0.6%的宝力丰（19：19：19）复合肥2~3次。

（4）采收。适时早采收根瓜，防止坠秧。及时分批采收，减轻植株负担，以确保商品果品质，促进后期果实膨大。产品质量应符合无公害食品要求。

4. 盛瓜期的管理

主攻目标：利用农业、物理、化学防治等方法防治病害，适量增加肥水供应，实现持续高产、稳产。

（1）追肥浇水。2月中旬以后，黄瓜进入产量高峰期，日常管理显得更为重要。此期的生产环境条件是：温度上升，光照增强，光照时间明显延长。此期黄瓜进入需肥、需水高峰期，追肥的种类以氮磷钾复合肥为主，有机肥为辅。每个标准温室（80m）追施氮磷钾复合肥20~30kg（如撒可富、芭田等），饼肥或粗肥50~100kg，氮磷钾复合肥使用周期为7~10d，有机肥的使用周期为25~30d。随着产量的增加，可适量增加肥料的用量（注意每次化肥用量不超过50kg），根据黄瓜长势可适当补施微肥。浇水量要随气温的升高逐渐增加，一般在2月中旬－3月中旬每隔6~10d浇一次水，3月中旬以后每隔5~7d浇一次水。浇水时掌握10cm地温稳定在18℃以上时可以同时浇大小垄。注意在浇水时选择晴天上午进行。

（2）温湿度调节。此期白天温度超过32℃时要及时放风，白天温度控制在28~32℃，夜间14~16℃较为适宜，在连阴天时，夜间温度可适当提高。放风由小到大逐渐进行，放风时间由短到长，以利于通风排湿。室内空气相对湿度75%左右为宜，白天相对湿度高于85%要立即放风。当外界最低温度稳定在12℃以上时，可整夜通风。

（3）整枝落蔓。当黄瓜生长点达到吊秧铁丝高度时开始落蔓，将固定于植株基部的塑料绳解开，重新固定和吊蔓，并将基部茎蔓放到垄上。以后，每当黄瓜生长点长到一定高度时均须重复吊蔓与落蔓。随落蔓随清除下部老叶，并带至棚外深埋销毁。此项工作要在晴天 10：00 和 16：00 进行，避免茎蔓及上部叶片受伤或折断。注意：每次落蔓的高度不超过 30cm。黄瓜植株上不留侧枝，侧枝出现后，应及时、全部摘除。

5. 盛瓜期后的管理

主攻目标：控制病害，促进植株生长，防止早衰，争取高产。

（1）温度调节。此期以放风为主，防止高温烤棚造成死秧，进入 6 月温度过高时可结合放底风。

（2）水肥管理。这个时期植株开始衰老，吸水吸肥能力下降，施肥要根、叶并重，保证养分供应。根部追肥一般掌握 3～5d 一次，随水冲施氮磷钾复合肥 30～40kg，叶面磷酸二氢钾 0.2%～0.3%（可结合防病治虫进行）。此期浇水可大小沟一起浇。

（3）整枝。及时摘除病叶、病果、黄老叶，保持室内清洁。

五、病虫害防治

（一）病害

黄瓜病害主要有霜霉病、灰霉病、疫病、白粉病。

1. 霜霉病

（1）生态防治。早晨揭苫后，先通风 30min，然后闭棚升温至 28～32℃，中午根据温度情况确定通风量，下午盖苫前通风 30min。

（2）高温闷棚。选晴天进行，闷棚前一天浇足水，第二天密闭温室，使棚温升至 44～46℃（以植株顶端为准），持续 2h。

（3）药剂防治。发病后喷 69% 的烯酰吗啉可湿性粉尘剂 600 倍液或 58% 甲霜灵可湿性粉剂 1 000 倍液防治，阴雪天每个（80m）温室使用 45% 的百菌清烟剂 200g 进行熏棚。

2. 疫病

（1）实行高垄栽培，盖地膜。

（2）合理轮作，增施有机肥。

（3）药剂防治。发病初期用75%百菌清可湿性粉剂600倍液，或72%杜邦克露1 000倍液，或64%杀毒矾可湿性粉剂800倍液。

3. 白粉病

（1）加强栽培管理，选用抗病品种。

（2）药剂防治。发病后，喷农抗120水剂150～200倍液，或旺都可湿性粉剂800倍液，或硫悬浮剂500倍液。

4. 灰霉病

（1）清除残花。

（2）加强通风降湿。在浇完水和发病后上午闭棚升温至32～34℃，持续2～3h，在放风降温。

（3）药剂防治。发病后用40%的嘧霉胺可湿性粉剂600倍液，或佳乐福可湿性粉剂800倍液喷雾，也可用速克灵烟剂或菌核净烟剂200g/亩熏棚防治。

（二）虫害

虫害主要有蚜虫、白粉虱。

（1）在温室风口处增设防虫网，阻止蚜虫、白粉虱等迁入。

（2）黄板诱虫。在黄漆涂过的纤维板上涂上机油，挂在行间，高出植株顶部，每亩20～30块，7～10d涂抹一次。

（3）虫量大时可用22%敌敌畏烟雾剂500g/亩，或蚜螨熏霸烟雾剂200g/亩进行熏杀。

第二十四节　地膜小甜瓜栽培管理技术

一、茬口选择

前茬为非葫芦科作物，对土壤要求不严，偏盐碱地口感更佳。

二、品种选择

选择生育期短、抗旱、耐湿、抗病、外观和内在品质好，符合市消费需求的薄皮品种。

三、播种

1. 播前准备

整地、覆膜、施肥

（1）秋耕。秋后亩施优质有机肥 1~2m^3，深耕，立垡越冬，储蓄雨雪，风化土壤，消灭病虫原体。

（2）春耙、轧地。土壤返浆后重耙，碎坷垃保墒；覆膜前用碌碡轧地，碎坷垃提墒，利于铺膜。

（3）覆膜。清明前后或雨后，铺膜机覆膜，增温保墒；随铺膜，基肥全部底施。一般亩施含量在 45% 以上的硫酸钾型复混肥 30kg。双膜瓜此时加盖小拱棚点种。

2. 膜下补水灌溉

由于旱地没有水源，甜瓜种植主要靠人工座水点种，因水量较小，加之春旱多风，出苗率低，苗后死苗率高，很难拿全苗。膜下补水灌溉很好地解决了这个问题。

具体操作方法：用水囊、大桶，或加高拖车斗，内铺厚塑料膜，从水源处注满水。田间用 PE 塑料管一头连贮水容器，一头

绑上木棍插至膜下，沿膜分段浇透，一次浇 3m 左右，随拖车边移边浇。一次可同时接 2 ~3 个塑料管，浇 2 ~3 垄。一般用此方法亩用水量 10 方左右。较大水漫灌亩节水 $50m^3$ 以上。

3. 播种

（1）种子处理。播前将种子平摊在纸上晒 4 ~6h，提高发芽势。

（2）播期。5cm 稳定通过 12 度，或晚霜前 10d 为最佳播期，本地区一般 4 月 5 ~20 日，适宜播期 10 ~15 日。

（3）播种。膜下灌溉待水渗下后，打孔点种（或随铺膜机械打孔），每穴 3 ~4 粒，覆湿土 1.5 ~2cm，压好膜边。

（4）密度。大小行种植，大行行距 90cm，小行 45 ~50cm，亩留苗 2 000 ~2 500株。

四、田间管理

1. 肥水管理浇水、追肥

团棵期遇旱，用同样的方法进行补充灌溉一次，追施氮钾追肥 10kg，其他生育期一般不再灌水。后期叶面喷施磷酸二氢钾 2 ~3次。

2. 整枝

粗放管理，简单整枝，即在中后期田间叶面积系数较大时，用棍子简单打顶，防止田间郁闭。

五、病虫害防治

1. 病害防治

甜瓜主要病害是白粉病，其次是霜霉病、蔓枯病、病毒病，发生程度随降雨和田间郁闭程度的加大而加重，防治上主要以预防为主，同时加强田间管理。严重时进行药剂防治。白粉病，可用15% 粉锈宁可湿性粉剂 1 000 ~1 500倍液，或 12.5% 腈菌唑乳油 4 000倍液喷雾，隔 15～20d 喷 1 次。霜霉病，用 72% 克露可湿性粉剂 800 倍液，或 40% 乙膦铝可湿性粉剂 250～300 倍液，或 75% 百菌清可湿性粉剂 600 倍液喷雾。蔓枯病，用 70% 代锰锌可湿性粉剂 500 倍液，或 75% 百菌清可湿性粉剂 600 倍液喷雾。病毒病，用 20% 病素 A 可湿性粉剂 500 倍液，或 1.5% 植病灵乳剂 1 000倍液，或 5% 菌毒清水剂 300～500 倍液喷雾，10d 一次，连喷 3～4 次。

2. 虫害防治

虫害以蚜虫发生频率较高，其次是夜蛾、黏虫、棉铃虫、潜叶蝇等，采用低毒高效的药剂防治。蚜虫用 10% 吡虫啉可湿性粉剂 1 500倍液，或用 2.5% 天王星乳油 3 000倍液，或 20% 灭扫利乳油 2 000倍液喷雾。

六、适时收获

早熟甜瓜品种从雌花开放到果实成熟一般 21～23d。当果实散发出香味，果柄基部茸毛脱落，及时采收上市。本地区采收期：双膜 6 月上旬至 7 月上旬，单膜 6 月中下旬至 7 月下旬。

七、间作套种

为提高种植效益，在甜瓜伸蔓前，5 月中旬左右大行间播种一行玉米，平均行距 70cm，亩留苗密度 4 500株。待甜瓜收获后立即追肥。亩增加效益 1 000元左右。

八、注意问题

本项技术田间管理相对粗放，适宜在土地经营规模较大，土壤 pH 值 8.0 左右，年降雨量 400mm 的北方旱作地区推广，高温、高湿地区不宜。

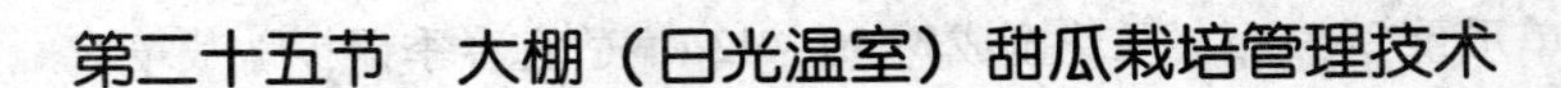

第二十五节　大棚（日光温室）甜瓜栽培管理技术

一、茬口安排

廊坊地区一般都是冬春茬温室和早春大棚栽培。一般温室栽培较大棚栽培早1个半月。

二、品种选择

一般选择优质、高产、抗病，受市场欢迎的甜瓜品种，当前主要有瑞红、久红瑞、金蜜龙、元首、丰雷、碧龙、久青蜜、花蕾等。

主栽品种特征特性：

1. 瑞红

厚皮甜瓜杂交品种，早熟性强，长势稳健，抗性很强，适应性广，耐低温弱光，果实发育期35d上下，果实圆球形或高圆形（与栽培环境有关），单瓜重1.5~2.5kg，偶见4~5kg大瓜，果皮金黄泛红，细腻平滑，果肉白色，肉厚腔小，肉质细酥，汁多味甜，中心含糖量15%~16%，香味纯正，耐贮运。

2. 久红瑞

早熟品种，果实发育期30~32d，果实圆球形，金红色，果肉白色，肉厚4.2cm以上，肉质细酥，汁多味甜，中心糖含量15%~16%，香味纯正，皮质韧，耐贮运，单瓜重1.5~2.5kg。

3. 金蜜龙

黄色网纹甜瓜，外观独特，美观，果肉橙红，是个性化甜瓜新品种。果实从开花至成熟50天，单瓜重2kg以上。肉质脆，肉厚4cm，折光糖度17%。适用于春季保护地种植。

4. 元首

哈密瓜类型个性化厚皮甜瓜新品种，果肉橙红色，清脆可口，品质优秀，折光糖含量17%，美观大方，大果型，产量高，单瓜重2～4kg，开花至成熟40～42d，适宜春季保护地栽培。

5. 丰雷

个性化厚皮甜瓜新品种，外观新颖独特，耐贮运，抗逆性强，适应性广，适宜大部分地区栽培，果实从开花至成熟35天，单瓜重1.5kg，折光糖含量16%，适宜春秋保护地栽培。

6. 碧龙

绿色网纹甜瓜，耐低温性强，果实从开花至成熟48d，单瓜重1.5～2.5kg，果肉绿色肉质脆，风味清香优雅，折光糖含量16%，耐贮运，货架期长，适宜春季保护地栽培。

7. 久青蜜

薄皮甜瓜杂交一代新品种。早熟，果实发育期26～30d。果实圆形，成熟果浅绿色，有深绿条纹，无棱沟，果面光滑有蜡粉；果肉绿色，厚2.8cm，肉质细嫩脆，味香甜中心糖含量14%～17%，口感风味极佳；平均单瓜重0.7kg，大可达1kg以上，皮薄质韧耐贮运，不易裂果。

8. 花蕾

薄皮甜瓜新品种，植株生长势旺，综合抗性好，子蔓孙蔓均可结果，单株可留瓜4～5个，单瓜重500g左右，果实从开花至成熟30d，成熟期果皮黄色，覆暗绿色斑块，折光糖含量15%以上，肉质脆，口感好，香味浓郁，适宜春秋保护地栽培。

三、育苗

温室育苗在12月中旬至1月中旬播种，大棚育苗在2月中旬至3月上旬播种，苗龄30～40d。

1. 确定播种期

早春大棚甜瓜最适宜的苗龄为30d。我地早春大棚甜瓜的安全定植期是3月底至4月初。如果大棚内加设小拱棚、天幕实施

多层覆盖栽培，定植期可提早 15～20d。所以，甜瓜的适宜播种期应根据定植时间选在 2 月 8 日至 3 月初。

甜瓜根系再生能力差，不宜苗龄过长。否则，定植后缓苗慢，瓜秧瘦弱，影响产量。

2. 苗床准备与营养土的配制

瓜苗一般在简易温室内培育，采用营养钵育苗，或采用营养块或育苗盘育苗。如果用营养钵育苗，一定要配制好营养土，这是培育壮苗的关鍵。方法是：取 4 份圈肥加 6 份园田土，而后再加入千分之一的磷酸二铵粉和千分之一的磷酸二氢钾。所取园田土是无病虫的肥沃土，不能是盐碱土，没使用过除草剂。

3. 浸种催芽

把种子放入 55℃ 水中，不断搅拌，在 10 分钟内水温降至 30℃，保持 30℃ 浸种 4～12h。而后在 30℃ 条件下催芽 20～40h。70% 以上的种子露芽时即可播种。浸种时间长短，与种子的饱满度、种皮厚度和硬度等有关，要灵活掌握，不可千篇一律。

4. 播种

把营养钵平整地摆放在苗床上，播种前一定要洇足水。每钵播一芽，而后覆土。覆土最好加入千分之一的杀毒矾，以防猝倒、立枯等病害。

5. 播种后的管理

（1）温度管理。出苗前注意增温保温，地温 18～25℃，白天气温 30℃ 左右，夜温 20℃ 左右；出苗后到真叶展开前适当降温，防高脚苗，以白天气温 25～30℃，夜间 12～16℃ 为宜。第一片真叶展开后，气温适量提高 2～3℃，定植前 3～5d 进行炼苗，白天 20～28℃，夜间 10～16℃，可短时的 8℃ 。

（2）补水。播种前洇足水，一般不用浇水。后期缺水时适当喷水，必要时也可以浇水。

（3）防病治病促壮苗。出苗后用恶甲粉等防治猝倒、立枯等病害，用中生菌素、硫酸链霉素等防治果腐病，用根利得等促根壮苗，用太得肥和磷酸二氮钾等补充叶面肥。

四、定植（也叫移栽）及定植后管理

1. 定植

温室定植一般在2月上中旬，大棚定植在3月底。

定植方法：将苗定植在垄肩或垄背上，若低温时节定植，一般采用水稳苗，即先开定植穴，穴内浇水，然后定植苗，苗坨与四周土壤密接，5~7d后浇一水。浇水后及时中耕松土。如果室温和低地温偏高，可在定植后浇大水。

定植前在温室或大棚通风口使用宽1.2m 30目的防虫网，棚内张挂诱杀虫板，亩用量30~40张。

定植最好在晴天进行。大棚定植前10d左右扣棚模，以提高地温，有利根系发育和缓苗。并做到底肥足施，为高产奠定基础。重茬地块注意增施含有微量元素的生物菌肥，如底肥动力王。

定植密度，大型厚皮甜瓜亩1 700~1 900株，中小型厚皮瓜亩2 000~2 400株，薄皮甜瓜亩2 500~3 000株。

定植后5~7d减少放风，提高棚温，促进缓苗。棚温以不超过40℃为宜，并配合喷施或灌用根利得等促进生根缓苗、壮苗。

此时的关键是提高地温、促生根。5~10d缓苗后可浇一次缓苗水，底肥不足的追施少量尿素和钾肥。而后以中耕蹲苗壮秧为主。

2. 定植后田间管理

（1）温度管理。定植后地温要达到18℃以上，气温白天35℃，夜间16℃以上，以促进根系恢复生长。缓苗后白天26~28℃，夜间12~14℃，开花坐果期白天25~35℃，夜间15~20℃。

（2）水肥管理。定植后浇足水，一般到坐瓜期不再浇水，瓜达核桃大小时浇一水，膨瓜期保持水分充足，瓜色转白时浇一水。随浇水每亩追施150kg腐熟饼肥、尿素15kg，或追施腐熟人粪尿1 000kg、硫酸钾10kg。

（3）植株调整。采用单蔓整枝，厚皮甜瓜在第14～16节位上选留2～3个子蔓结瓜（其他侧枝全部去掉，顶端留1～2条侧枝），一般留1个瓜，当第一茬瓜长足个后，在主蔓顶端第22～25节位上再选留1个子蔓结二茬瓜，留瓜1个。薄皮甜瓜在第10～13节位上选留4个子蔓结瓜（其他侧枝打掉，顶端留2～3条侧枝），一般留3～4个瓜。当第一茬瓜长足个后，顶端侧枝可再留2个瓜。

（4）授粉。当雌花将近开放时用吡效隆激素蘸花；或当雌花开放时，进行人工授粉，即在早晨7：00～10：00点，手摘雄花，剥开花冠用雄蕊涂抹雌花的雌蕊，每朵雄花涂抹2～3朵雌花，也可用多雄授多雌，进行复合授粉，提高坐瓜率；目前生产上推广采用土蜂、蜜蜂、雄蜂授粉可以掌握授粉最佳时期，提高甜瓜品质，省时省工。

五、病虫害防治

1. 枯萎病

用1 000倍多菌灵灌根，每株200～250mL。也可用乙蒜素配合恶甲水或辛菌胺或申嗪霉素灌根、喷雾。

2. 白粉病

用50%甲基托布津可湿性粉剂1 000倍液或75%百菌清可湿性粉剂500～800倍液或硫黄悬浮剂500倍液或25%乙嘧酚800倍液轮流喷雾防治。

3. 果斑病综合防治技术

一是对种子做好消毒处理，再进行催芽播种，如55℃水温浸种；药剂处理。药剂处理具体方法是用质量好的72%硫酸链霉素1 000倍液浸种60min后催芽播种；或用40%的福尔马林200倍液浸种30min或1%的盐酸浸种5min或以1%次氯酸钙（Ca（ClO）2）浸种15min后，紧接着用清水浸泡5~6次，每次30min，再催芽播种。二是用抗生素和铜制剂等进行防治。在出苗后，可用2%春雷霉素500倍或2%春雷霉素500倍+农用硫酸链霉素3 000倍进行预防保护，每隔7~15d喷雾1次。幼苗发病初期，用50% 氯溴异氰尿酸水溶性粉剂（消菌灵）800倍液、或用200mg/kg的新植霉素、或用72%%农用硫酸链霉素1 500倍液、或3% 中生菌素可湿性粉剂500倍液喷雾。也可使用53.8%氢氧化铜干悬浮剂（可杀得）800倍液、或用77%可杀得微粒粉剂1 000倍、或用47%春·王铜可湿性粉剂（加瑞农）800倍液喷雾。喷药时应做到均匀、周到、细致（叶片背面也需喷）。每隔7d用药1次，连续用药3~4次。三是做好田间管理措施有效进行防控。棚室温度一般保持在25~34℃。浇水后加强放风降湿，避免高温闷热，尤其是新膜大棚。

4. 蔓枯病

用70%甲基托布津1 000倍液、40%乙蒜素1 500倍液、3.2%恶甲水剂500倍液喷雾、45%咪酰胺1 500倍液喷雾防治。配合腐霉利烟剂熏蒸效果更好。

5. 霜霉病

用72%普力克水剂1 000倍液、58%甲霜灵锰锌500~800倍液、72%克抗灵600倍液、50%烯酰吗啉1 000倍液交替喷雾。

6. 粉虱、蚜虫

可用0.3%苦参植物杀虫剂1 000倍液防治，也可用3%啶虫脒1 500倍液或2.5%联苯菊酯1 500倍液喷雾防治。棚室采用防虫网配合诱杀虫板效果更好。

六、适时采收

根据不同品种特种特性适时采收，一般采收前一周停止浇水。

第二十六节　大棚小西瓜栽培管理技术

廊坊市中棚小型无籽西瓜种植模式是在浙江台州‘麒麟’西瓜种植模式基础上，经过改进、摸索出的适合廊坊及周边地域特色的新型高效设施农业种植方式。这种模式主要集中在廊坊市文安县及周边地区。此模式具有以下三大特点。

第一，投资小，适于家庭经营。种植模式以简易冷棚为主，典型棚亩材料费仅2 000元，全部物资投入5 000元/亩。

第二，用工少，适于规模经营。该模式全部采用水肥一体化栽培技术，单人可管理5～6亩，周年生产可采收4～6茬瓜，平均亩用工费仅3 000元。

第三，效益稳定，适于连续经营。产品定位中端市场，市场价格变幅小，既克服了高端产品销量小问题、又避开了普通产品价格不稳问题。平均亩产量在5 000kg以上，亩产值1.3万～2万元，平均亩效益5 000～10 000元。

此模式采用优质西瓜品种—墨童、蜜童，该瓜品质好、果型小、耐贮运，市场价格稳定，全国种植面积较小，市场发展潜力较大。

一、中棚的建造

1. 地块选择

选择土地平整、地力肥沃、灌排通畅、含氮少的沙土或沙壤土最佳。不与施用过大量氨肥的叶菜类和茄果类作物轮作，与葫芦科作物应有5年以上的轮作间隔；地块应交通便利，邻近排水渠。不宜建在低洼、易涝、盐碱的地块，棚周围应无大型建筑物或树木等。

2. 建棚准备

以建跨度6.7m，长度40m的南北向标准中棚为例：

（1）竹竿。选用质地坚硬、皮厚、不易崩裂、经久耐用、竹梢与竹尾粗细均匀的竹竿、竹片。①拱竿：6m长76根。②拉竿：9m长18根。拉杆规格无要求，但相互绑缚以后，三趟每趟长度应达到40m。③门头竿及支撑竿2m长4根，2.5m长16根，3m长8根，4m长6根。

（2）铁丝。用12号铁丝，用于竹竿间的绑缚。

（3）绑绳。60cm长、120cm长各120根以上。

（4）制作方法。

①拱竿：粗头1.8m处折弯55度角左右。

②拉竿：位于两端的6根在绑缚位置打孔，孔距竹竿头儿3~5cm（见图2-1）。

③立竿：一端绑缚位置打孔，孔距竹竿头儿3~5cm。

④门头竿：两端绑缚位置打孔，孔距竹竿头儿3~5cm。

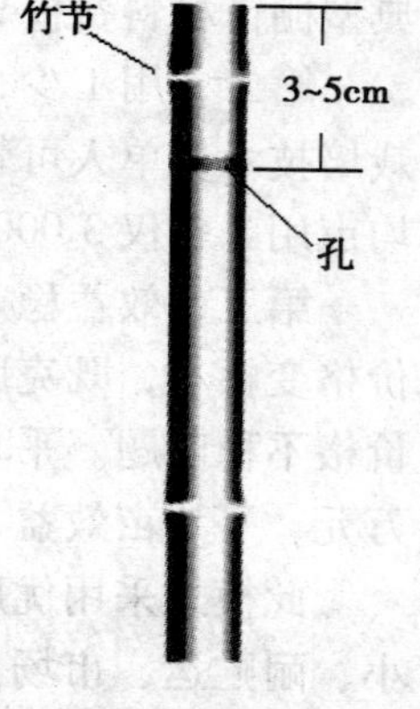

图2-1　拉竿的制作

（5）注意事项

①拱竿：拱竿应用光滑无刺的竹竿或竹片，如有刺应用电锯或砍刀刮净。

②拉竿：拉竿不用精挑细选，不需进行修理，但是如果要在拉竿上横向挂天幕，即第二层棚膜，就要把拉竿打磨光滑，防治挂膜。

③所有需打孔的竿：打孔位置最好赶在竹竿骨节的位置（竹骨节下）。

3. 画线、立拱竿、绑缚、建棚

（1）画线。在整平的土地上，按东西向距离 1.0m、6.7m、1.3m、6.7m、1.3m……6.7m、1.0m 找点，根据对应点南北向画线 40m 长，并按 0.55m、0.55m、1.10m、1.10m……1.10m、0.55m、0.55m 找点（见图 2－2）。

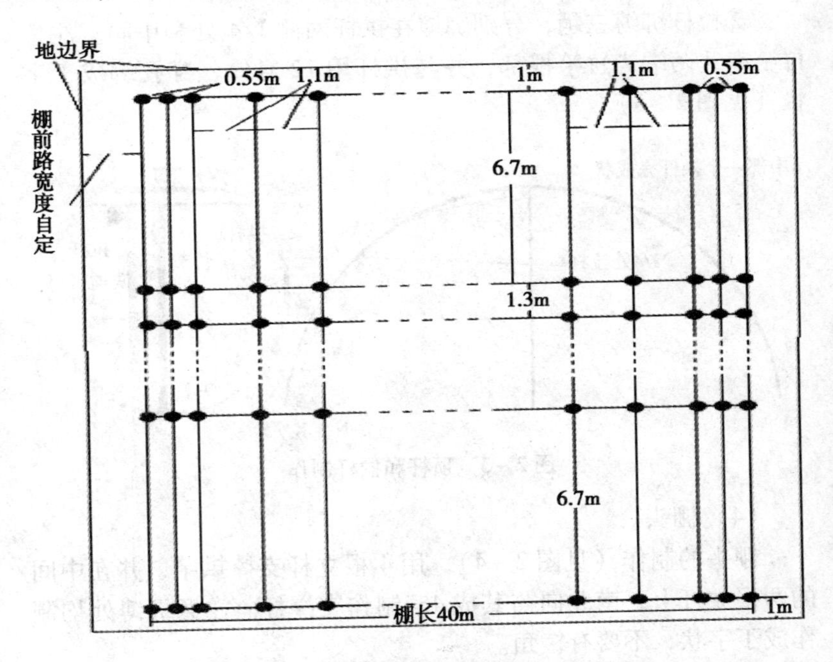

图 2－2　种植小西瓜大棚制作的画线工序

（2）立拱竿。在找好点的位置用电钻竖向打孔 45cm 左右深度，将拱竿插入孔中。两人将大棚东西两侧对应拱竿压住，拱竿顶端交叉 1.2m 以上，另外两人用 60cm 长绑绳绑缚交叉好的拱竿2~4道，固定结实，且保证有两个绑缚竹节儿（见图2-3）。搭建时先搭建中棚两端的拱竿，搭好后在腰部分别拉一直线，对照此直线在搭建中间的拱竿，搭建好后看棚架拱杆两边是否顺直、平整，差距过大的作出矫正处理。

（3）顶杆和拉杆。

①顶杆立在棚跨度的中间处，长度方向立8根，顶端与拱竿用12号铁丝穿孔绑成丁字状。

②拉杆绑缚三趟，分别绑缚在拱杆两侧1/4处和中间。注意拉竿南北两端为竹竿根部，并与拱杆用12号铁丝穿孔绑成丁字状（见图2-3）。

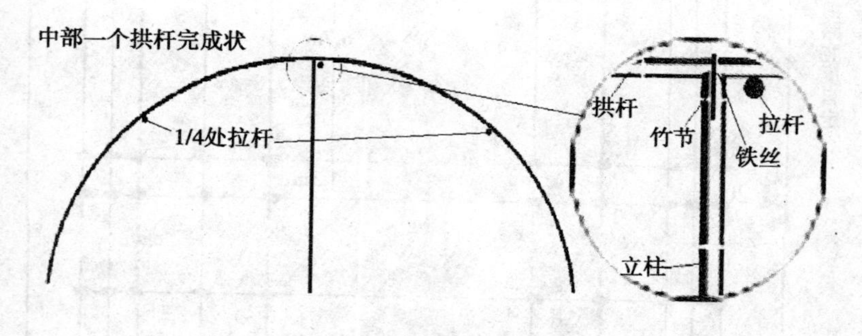

图2-3　顶杆和拉杆制作

（4）棚头。

棚头的制作（见图2-4），用4根立杆支撑拱竿，并在中间的两根立杆上，南北向与其成45°制作支撑杆。注意绑缚处均制作成丁字状，不要有棱角。

4. 棚膜的制作

（1）大棚膜。棚膜按照大棚的纵向制作，无放风口。要求为宽度9m，长度41m，厚度0.08mm的聚乙烯大棚膜。

（2）棚头膜。棚膜按照棚头的形状裁剪（见图2-4），但尺寸上要求大于棚头尺寸40cm以上，在棚膜的外弧边缘，用绳子

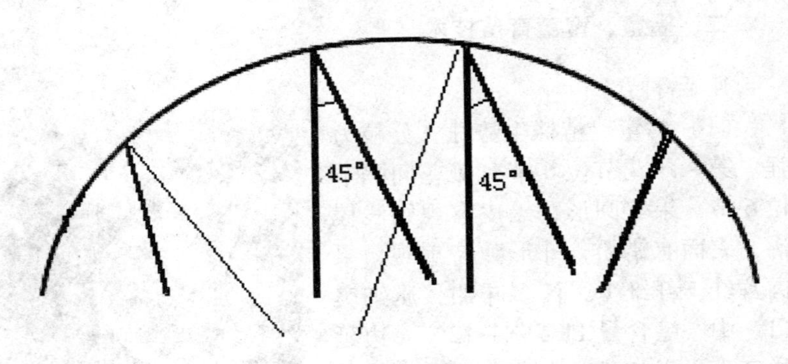

图 2-4　棚头制作

烫上一趟筋。

5. 扣棚

（1）扣棚膜。在扣棚之前，要准备好铁丝、竹竿（12m 左右），在定植前 20d 扣棚。扣棚必须选择无风的晴天。在棚架四周挖宽 20cm、深 20cm 的沟，准备埋膜。扣棚时要集中 5～10 人，先将棚膜的一端，用 6m 的竹竿卷好，注意要卷在棚膜宽度的正中，两侧各留 1.5m，卷好后与棚架一端拱杆绑缚牢固，另一头同样的方法将棚膜绷紧与棚架另一端拱杆绑缚牢固，大棚两侧的棚膜埋入沟中，用土压好。

（2）挂棚头膜。首先在大棚两端的第一、二拱竿之间上一趟压膜线，用于挂棚头膜使用；其次在棚头膜的外弧筋上制作挂钩，要求间隔不大于 1m；然后直接把棚头膜挂在压膜线上，把棚头膜拉平，下边缘直接埋于事先挖好的沟内压牢固。

（3）要求。大棚扣膜后要紧、平、严，紧即棚膜扣上后不松，防止有风上下扑打；平即棚膜无褶皱，透光好，下雨雪后不存水；严即棚室不露风，提高保温效果，特别是门口处应特别注意。

二、墨童、蜜童育苗技术

1. 品种介绍

(1) 墨童。植株生势旺，分枝力强。第一雌花节位 6 节，雌花间隔节位 6 节。果实圆形，黑皮有规则浅棱沟，表面有蜡粉，外形独特美观，果肉鲜红，纤维少，汁多味甜，质细爽口。中心糖含量 11.5% ~12%，边延梯度小，无籽性好。皮厚 0.8cm，平

均单果重 2.0 ~2.5kg。果实生育期 25 ~30d，易坐果，果实商品率 90% 以上，亩产 2 500kg 左右。该品种耐贮运、抗逆性中等、适应性广、抗病毒病、枯萎病能力较强。

(2) 蜜童。植株长势旺，分枝力强，生长势和抗病性强。易坐果，每株可坐 3 ~4 个果，并且能多批采收。果实商品率 94.6%，平均单果重 2.97kg，果实圆形到高圆形，果型指数 1.1，果柄长，花皮条带清晰，表皮绿色布深绿条带，果皮 0.8cm，中心糖度平均为 12.2，果肉大红，剖面

较好，无籽性状好，纤维少，汁多味甜，质细爽口，口感好，果皮硬韧，较耐贮运、抗逆性强、适应性广、抗病毒病、枯萎病能力较强。

2. 常规育苗

(1) 破壳浸种。种子破壳，用 30 ℃温水浸泡种子 30min 左右，然后进行搓洗，洗掉种子外的黏膜，再用布吸干。

(2) 恒温催芽。无籽西瓜发芽适宜温度为 30 ~32℃左右恒

温，空气湿度不能过于饱和，一般用布卷法催芽效果好。具体操作方法是：将破壳种子用一块白布（最好用棉布）浸湿拧干(湿布不淋水为止，不要太湿)，单层铺开平放一二层种子，把布的四边叠起后，从一端开始滚卷成一个外形似花卷馍的“种子布卷”。约 48 ~ 72h，待 90% 的种子露头 2 ~ 4mm 后投入温室内小拱棚进行播种育苗。

（3）基质准备。每方土（350kg 左右），掺入土得乐 2kg，古米磷 1kg，菩敌克 1 袋，基质湿度 45% ~ 55%，以淋水后手握成团有水渗出但不滴水为宜。

（4）温床育苗。穴盘用 50 孔（5 × 10）塑盘，装料时，育苗基质装至孔穴 3/4 为宜，然后镇实。然后播种，上面再覆 1. 5 ~ 2. 0 cm 厚的基质。

（5）苗期管理。育苗期间注意控制温度和湿度。保持床温白天 30 ~ 32 ℃，夜间不低于 20℃，播种后 5d 保持较高温度是提高成苗率的关键。苗期尽量不浇水，除非瓜苗出现严重的干旱萎蔫现象时在浇水，一般再转入苗床 10d 以后出现，浇水时最好配 800 ~ 1 000倍液甲基托布津杀菌剂或 500 ~ 800 倍液的超级卡丁（20 ~ 20 ~ 20）喷淋，注意要浇透，这样既可增湿，又起到杀菌作用。子叶张开后注意通风透气，防止高湿条件下引起的高脚苗，保持白天 28 ~ 30 ℃，夜间不低于 15 ~ 18 ℃。

（6）苗龄。30d 左右，达到两叶一心的状态即可准备移栽。

3. 创新育苗

（1）干籽破壳。把尖嘴小钳子消毒后，直接对西瓜种子破壳。

（2）基质和育苗盘准备。同常规。

（3）恒温催芽。将破壳干籽直接播种，播种方法同常规育苗第 4 项。播种后放置于恒温催芽室，室内温度保持在 30 ~ 32℃，基质温度保持在 28 ~ 30℃。相对湿度 90% ~ 100% 的条件下，2～3d 左右露土后应立即转入温室苗床管理，以免发生西瓜苗的徒长。

（4）苗床管理。注意控制温度和湿度，加强通风，防止高湿条件下引起的高脚苗，保持白天 28～30 ℃，夜间不低于 15～18 ℃。

（5）苗龄。30～35d，达到二三叶一心的状态即可准备移栽。

4. 苗期病害

主要病害有：猝倒病、立枯病等（防治方法见后节）。

三、早春定植要点

1. 定植前准备工作

（1）整地施肥。最好是在上棚膜前完成。翻地前亩施腐熟的鸡粪 2 方，复合肥 50kg，深翻入土，整成平畦。

（2）铺设滴灌管。种植区域铺滴灌管道（见图 2－5）。棚外主管道用 4 寸管，棚内二级管道用 2 寸管，每 3～4 个棚设一个总阀门连接到主管道上（具体中棚控制个数与泵房电机大小与关，一般 5.5kW 水泵一次控制 3～4 个棚，7.5kW 水泵一次控制 8～10个棚，见图 2－6），铺设方案有两种，一种是总阀门设在一侧（图 1 上部），另一种是总阀门设在中间（图 2－5 下部）。棚内滴灌软带设分阀门连接到二级管道上，滴灌软带上每 10cm 有一孔，软带具体铺设方法及尺寸如图（见图 2－7）。

（3）铺地膜。地膜铺设除棚中间留 0.5～0.7m 走道外，两侧各铺设一趟地膜。地膜宽度要求 3.0～3.5m，厚度 0.012～0.014mm，聚乙烯黑色或白色。

2. 定植

（1）造墒。在定植前 3d 以上完成。利用滴灌浇小水，以滴灌管两小孔间滴出的水相交为宜。

（2）炼苗。定植前 2～3d 进行通风炼苗，育苗棚的温度逐渐

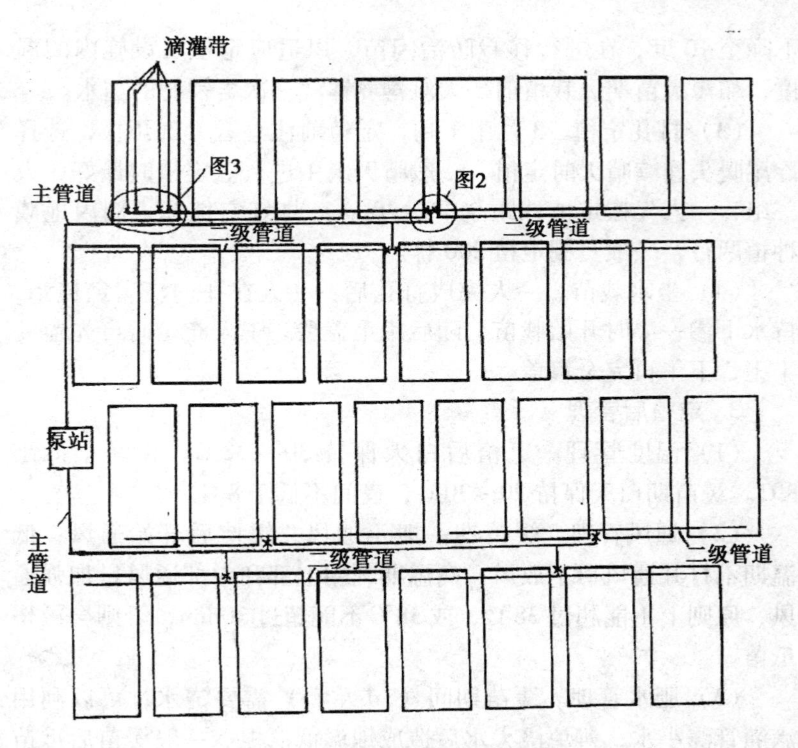

图 2－5　种植区域滴灌管道

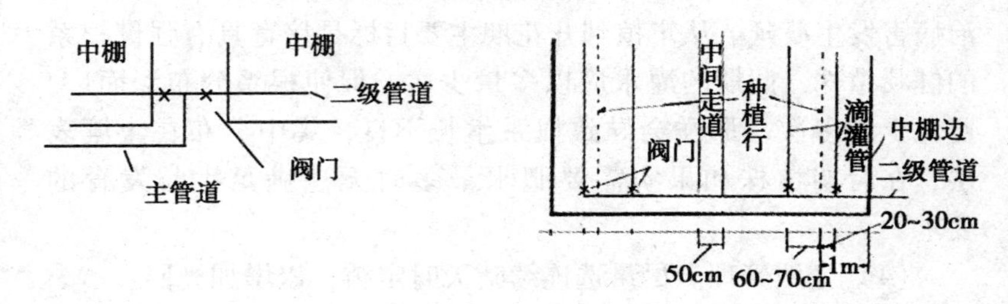

图 2－6　棚内滴灌管道

图 2－7　棚内滴灌管道安装

下降至10度，在进行移栽防治闪苗，以适应定植后设施内的温度，缩短缓苗期。栽植前一天对营养钵浇一次含钾肥的透水。

（3）打孔定植。3月中下旬，定植前注意看天气预报，选择冷尾暖头连续晴天时定植，一般晴天上午进行。定植时最好3人一组，一人先按定植株距（38～40cm）打好定植孔，棚内地膜种植两行，一般每棚定植200株。

（4）坐水栽苗。一人完成打孔后，一人在孔内浇满定植水，待水下渗一半时开始栽苗，随后用土盖严。工人充足时可先盖一半土，下午再完全覆盖。

3. 定植后管理

（1）温度管理。定植后白天保持30～38℃，夜间不低于8℃。缓苗期白天保持20～30℃，夜间不低于8℃。

（2）通风管理。缓苗期一般不通风，缓苗后开始通风：低温期不打开通风口不放风，高温期利用上部和中部通风口加强通风，原则上不能超过38℃，或38℃不能超过30min，否则会烫伤瓜苗。

（3）肥水管理。缓苗期间（7d左右）需要浇水，可以利用滴灌管浇小水，避免浇大水后造成地温低沤根。一般缓苗后瓜苗开始甩蔓时浇一水，之后到结瓜前不再浇水，控制空气湿度，防治病害发生蔓延。从定植到开花期主要目标是培育具有强健根系的健壮植株，此期的灌水应以多量少次，促使根系分布深而广。避免少量多次，那样会导致根系生长不良，集中分布在土壤表层，在后期植株和果实需要肥水最多时无法满足生长发育的要求。

（4）光照管理。尽量选连续晴天时定植，以增加光照。

4. 主要病虫害

主要病害有：病毒病、枯萎病等。

主要虫害有：蚜虫、小地老虎、蝼蛄、潜叶蝇等。

防治方法见后节。

四、中后期管理

1. 缓苗后至开花期管理

（1）温湿度。缓苗后随着外界气温回升，应当加强通风，降低棚内湿度。但是温度保证白天25~28℃，夜间不低于10℃。

（2）整枝。采用摘心整枝，一般于4~5片真叶时，摘除生长点，待子蔓抽生后，保持3~5个生长相近的子蔓平行生长，摘除其余子蔓及坐果前由子蔓上抽生的孙蔓，构成了3蔓整枝。该法的优点是，各子蔓间的生长与雌花出现节位相近，开花结果时间相近，果型整齐，商品果率高，便于管理。

（3）留瓜。留瓜时以第三个雌花为主，第三个不理想，再选择第二个雌花，使果实生长有较多叶面积，可以增大果型。一般第一留瓜节位应在瓜蔓的第11~13节（一般是瓜蔓的第二、三个雌花，第一个雌花打掉）。小西瓜适宜节位雌花开放时，应进行人工辅助授粉，即坐果灵蘸花，可以提高坐果率，特别是在前期低温、弱光条件下人工辅助授粉，对提高坐瓜率、含糖量，增加产量效果更好。

（4）坐果灵（氯吡脲）的使用。开花当天或前一天，用0.1%氯吡脲20倍液涂果柄，或均匀喷液于授粉雌花的子房上，并注意正确掌握其使用浓度和使用方法，即温度高时浓度低些，温度低时浓度高些，浓度及方法不正确易造成畸形瓜，并注意做好标记（折瓜叶、插杆等），防止二次授粉，并以此推算瓜的成熟期。

2. 开花至采收的管理

（1）温度。结果期的最适宜期为30～35℃，最低温度为18℃。小无籽西瓜与常规无籽西瓜相比属早熟品种，从雌花授粉到收获只需要28～35d（果实发育10℃以上的有效积温需1 200～1 300单位）。

（2）肥水。在此期间合理的水肥管理至关重要。此期管理的原则是保持稳健的植株和提供平稳的水分供应。如果每天早晨茎蔓生长点向上，卷须绿而直，植株一定是过度灌水和施肥，应减少灌水量。钾肥可以增加植株体内养分的运输和转化，从而提高光合效率和强化植株细胞壁的结构。钙可以增加肉硬度和果实密度。此期叶面施用钾肥和钙肥有利于提高产量和品质。磷肥可以使果肉变成深红色，但可增加果实中着色秕子数，不要使用过多。

（3）植株调整。及时理蔓、剪除老叶，使田间叶片分布均匀，充分利用光照，增强通风透气，减轻病虫害。由于棚室栽培的西瓜，瓜蔓伸长往往受到限制，合理布局有利于瓜蔓伸展，叶片合理分布，使果实坐在畦面上。

（4）留瓜。根据植株生长情况，当头茬瓜生长25～30d以后可留二茬瓜。长势旺可适当早些，弱晚些。

3. 收获期管理

采收前的气候条件及成熟度直接影响西瓜的品质，温度高、光照充足，土壤湿度小，瓜的品质优良；反之品质下降。

（1）推算果实成熟度。可根据天数推算，棚室早熟栽培果实发育期气温较低，头茬瓜仍需35d以上，二茬瓜需28d左右，三茬瓜需25～28d。授粉坐果后挂牌标记是适时采收的重要依据，同时结合采收前剖瓜试样确定，还可以通过一些外表特征变化来判断：①果实上墨绿的条带开始明显，花纹或模糊处开始褪色。即我们所说的条带突变。②果皮上亮绿的颜色将变得更亮，在颜色上变成灰绿色。③果柄处周围的果面变平。④随着果实的成熟，果实表面有一些不清晰的棱沟。在收多茬瓜时可适当提前采收，减轻植株负担，利于下一茬瓜的生长及膨大，增加总体产量。

（2）肥水管理。小无籽西瓜果肉很致密，所以接近采收果实看起来也较小。在这种情况下，想通过使用过多的水肥促进果实生长是不可取的。采收前应严格控制灌水。最后一次灌水应在采收前1周。灌水过多或收获时灌水易导致收获时裂瓜，而且果实含水量过高，风味和品质下降，贮运期间因无氧呼吸使果肉变软，货架期变短。

4. 贮运

小无籽西瓜皮薄而韧，应采收成熟的西瓜上市，以达最佳甜度和风味。过熟的果实果面出现风疹斑，果实表面由灰绿色变亮绿。这样的西瓜耐贮运性差。果实采收后在12.8℃条件下冷藏，以延长货架期。

5. 主要病虫害

主要病害有：枯萎病、蔓枯病、白粉病、炭疽病等。

主要虫害有：蚜虫、茶黄螨、红蜘蛛、潜叶蝇、小地老虎等。

五、生长调节剂及病虫害

1. 肥料的使用

适时追肥浇水，保持水分养分均衡。

(1) 追肥。使用台湾农保赞有机质液肥进行灌根和叶面喷施。可根据西瓜生长周期适当调整施用量。一般西瓜的追肥总量在5~7桶/亩。具体操作如下。

①苗期：采用喷雾器，每15kg水加台湾农保赞有机质液肥1号肥100mL（相当于包装桶的3桶盖），每亩2~3喷雾器，分3次进行叶面喷施到定植前。

②定植3~5d：每亩用台湾农保赞有机质液肥1号肥1桶，加水100kg进行灌根或随水冲施。也可以采用喷雾器进行灌根，每15kg水加台湾农保赞有机质液肥1号肥150~200mL（相当于包装桶的4桶盖），每亩6喷雾器。

③定植后 10～15d：使用喷雾器每 15kg 水加 8 号肥 100mL（相当于包装桶的 3 桶盖），每亩 2～3 喷雾器进行叶面喷施。（若苗期秧体长势较壮时，可省去此次叶面施肥）。

④小果期：每亩用台湾农保赞有机质液肥 1 号肥 1 桶，加水 100kg 灌根，再用 6 号肥 200mL（相当于包装桶的 4 桶盖），加水稀释 200 倍后进行叶面喷施。

⑤中果期：每亩用 6 号肥 2 桶，加水 200kg 灌根，再用台湾农保赞有机质液肥 1 号肥，每 15kg 水加 100mL（相当于包装桶的 3 桶盖）进行叶面喷施。

⑥采摘前 15d：每亩用高钾甜 1 桶，分两次，每次稀释 200 倍液进行叶面喷施。

注：农保赞可与任何农药混用（除草剂除外）。

（2）核心调理剂。晟微系列微生物制剂，使用量为：土白金 1～2 瓶/亩；喷施王 2～3 瓶/亩；抗茬灵 1～2 瓶/亩。

①土白金：在第一次或第二次缓苗水时随水冲施，开花前随水第二次冲施，稀释 300～500 倍液。

②喷施王：喷施；稀释 300～500 倍液。每次采摘后使用。

③抗茬灵：在苗期、开花结果期都可随水冲施，稀释 300～500 倍液。

2. 主要病害防治

使用高效杀菌剂，主要病害有猝倒病、立枯病、枯萎病、蔓枯病、炭疽病、疫病、病毒病、白粉病等。

（1）猝倒病。

①症状：猝倒病是西瓜苗期重要病害，常引起缺苗断垄；发病初期幼苗近地面处的茎基部或根茎部，出现黄色或黄褐色水渍状病斑，绕幼茎扩展，使幼茎干枯收缩呈线状。病苗逐渐青枯，倒伏而死，严重时引起成片幼苗猝倒。

②防治措施：一是合理轮作，因地制宜选育和种植抗病品

种；选用无病新土、塘土、稻田土育苗，并喷施消毒药剂加新高脂膜对土壤进行消毒处理，播种前可用新高脂膜拌种，下种后随即用药土盖种，并喷施新高脂膜提高出苗率。二是加强苗期管理，施用充分腐熟的有机肥，避免偏施氮肥；适时灌溉，雨后及时排水，防止田间湿度过大，培育壮苗；并喷施新高脂膜能防止病菌侵染，提高抗自然灾害能力，提高光合作用强度，保护禾苗茁壮成长。三是药剂防治，齐苗后应及时喷施72.2%普力克水剂、58%甲霜灵锰锌可湿性粉剂等针对性药剂进行防治，并配合喷施新高脂膜800倍液增强药效，提高药剂有效成分利用率，巩固防治效果。防治：30%恶霉灵可湿性粉剂800倍液，64%杀毒矾可湿性粉剂600～800倍液、

（2）立枯病。

①症状：西瓜立枯病多发生在秧苗的中、后期。西瓜种子未出土前受害，造成烂种，刚出土的幼苗后受害，茎基部产生椭圆形暗褐色病斑，病苗白天萎蔫，夜间恢复正常，当病斑绕茎一周时，病部凹陷，茎基部干枯缢缩，幼苗倒伏死亡。中期以后的幼苗，因茎部已木质化，故茎基部虽然发病，病苗仍直立不倒，故名立枯病，在湿度大的条件下，被害部位长出白色霉层，稍大病苗的病部产生蛛网状淡褐色霉层。

②防治措施：一是严格选用无病菌新土配营养土育苗。二是苗床土壤处理可用40%亚氯硝基苯和50%福美双混用，比例1：1，或用40%拌种双，每平方米用药8g，与细土混匀施入苗床。三是药剂拌种，用药量为干种子重的0.2%～0.3%。常用农药有拌种双、敌克松、苗病净、利克菌等拌种剂。四是加强田间管理。出苗后及时剔除病苗。适时中耕，以提高地温，使土质松疏通气，增强瓜苗抗病力。

（3）枯萎病。西瓜枯萎病自幼苗至成株均可发病，以坐瓜期和瓜膨大后期发病最重。

①症状：成株期受害，初期病株下部叶片呈失水状萎蔫，似水烫状，茎蔓基部向上褪绿。最初萎蔫中午尤为明显，但早晚可恢复，3～6d后整株叶片枯萎下垂，不能复原，后期病部呈棕褐色，发软，常纵裂，有松脂状胶状物溢出，俗称吐“红水”。在潮湿条件下病株基部布满白色至粉红色霉状物，剖视茎基部至根部，可见维管束变黄褐色。病根根系变暗褐色腐烂，极易拔起。严重时瓜秧枯死，但叶片不脱落。

②防治措施：一是预防：在定植时或定植后和预期病害常发期前，将青枯立克按300倍液稀释，进行灌根，每7天用药1次，用药次数视病情而定。发病中前期：使用青枯立克50ml＋大蒜油1 000倍液灌根，3d一次，连用2次。发病中后期：青枯立克1 000倍液＋大蒜油1 000倍液＋内吸性强的化学药剂进行喷雾和灌根，3d一次，连用2～3次。灌根原则要灌透。二是用2.5%适乐时悬浮剂200倍液，或30%甲霜恶霉灵600倍液，每株灌药液0.4～0.5kg。坐果初期喷洒10%双效灵水剂200倍液，或30%甲霜恶霉灵600倍液，或38%恶霜嘧铜菌酯800倍液，或50%苯菌灵可湿性粉剂800～1 000倍液，或40%多硫悬浮剂或40%拌种双粉剂，300倍悬浮液加黄腐酸4 000倍液，或50%多菌灵可湿性粉剂1 000倍液加15%粉锈宁可湿性粉剂4 000倍液，或用施保克加多菌灵或甲基托布津按9∶1混合后1 000倍液，防效更好。每隔10d喷1次，连喷2～3次，亩喷60kg。

（4）蔓枯病。

①症状：此病主要为害叶片、叶柄和茎蔓，重时侵染瓜果，发病时，叶片病斑初为褐色，圆形或半圆形，后发展成边缘明显中心灰褐色病斑，后期病斑相互汇合成不规则大斑，或单个病斑发展成近圆形大斑，病斑中心灰褐色边缘深褐色，有同心轮纹并产生明显小黑点，最后病斑波及全叶使叶片变黑枯死。有时病害沿叶脉发展，呈褐色水浸状坏死，也产生小黑点。叶柄及蔓上发

病，初为水浸状小斑，后变成褐色梭形至不规则形坏死斑，由小变大致全株枯死，其上产生许多黑色小点。瓜果染病初形成不定形水浸状褐色坏死小斑，迅速发展成近圆形灰褐色水浸状坏死大斑，随病害发展病瓜腐烂，最后在病斑表面产生黑色小点，即病菌分生孢子器或子囊壳。

②防治方法：一是实行非瓜类作物轮作，拉秧后彻底清除病残落叶，适当增施有机底肥。二是种子灭菌处理，可用55℃温水浸种20～30min。三是生长期加强田间管理，适时浇水、施肥，避免田间积水，保护地浇水后增加通风，发病后打掉一部分多余的叶和蔓，以利于植株间通风透光。四是发病初期进行药剂防治，可用70%甲基托布津可湿性粉剂600倍液，或40%多硫悬浮剂400倍液，或25%培福朗水剂800倍液，或50%敌菌灵可湿性粉剂500倍液，或50%扑海因可湿性粉剂1 200倍液，或80%大生可湿性粉剂800倍液喷雾，7～10d防治1次，视病情防治2～3次。病害严重时可用上述药剂加倍后涂抹病茎。

（5）炭疽病。

①症状：主要危害叶片，也可危害茎蔓、叶柄和果实。茎上发病时外围常有黑褐色晕圈，其病斑上常散生黑色小粒点或淡红色黏状物。近地面茎部受害，其茎基部变成黑褐色且缢缩变细猝倒。瓜蔓或叶柄染病，初为水浸状黄褐色长圆形斑点，稍凹陷，后变黑褐色，病斑环绕茎一周后，全株枯死。叶片染病，初为圆形或不规则形水渍状斑点，有时出现轮纹，干燥时病斑易破碎穿孔。潮湿时病斑上产生粉红色黏稠物。果实染病初为水浸状凹陷形褐色圆斑或长圆形斑，常龟裂，湿度大时斑上产生粉红色黏状物。

②防治措施：一是实行轮作，合理施肥，减少氮素化肥用量，增施钾肥和有机肥料。二是地面全面覆地膜并要加强通风调

气，降低室内空气湿度至70%以下。三是合理密植，科学整枝，防止密度过大，以降低室内小气候湿度。四是化学防治，保护地发病初期喷洒50%甲基硫菌灵可湿性粉剂800倍液加56%嘧菌酯百菌清800倍液，或50%多菌灵可湿性粉剂800倍液加75%百菌清可湿性粉剂800倍液混合喷洒。此外，还可选用38%恶霜嘧铜菌酯800倍液、36%甲基硫菌灵悬浮剂500倍液、80%炭疽福美可湿性粉剂800倍液、2%抗真菌素（嘧啶核苷类抗真菌素）水剂200倍液、2%武夷菌素水剂150倍液，隔7～10d 1次，连续防治2～3次。或20%氟硅唑咪鲜胺1 000倍液、80%炭疽福美800倍液，或25%苯醚甲环唑水分散粒剂1 000倍液。每隔7d喷药1次，连喷3～4次，轮流交替用药，防治效果较好。20%抑霉唑水乳剂800倍液对炭疽病特效。

（6）病毒病。

①症状：西瓜病毒在田间主要表现为花叶型和蕨叶型两种症状。一是花叶型：初期顶部叶片出现黄绿镶嵌花纹，以后变为皱缩畸形，叶片变小，叶面凹凸不平，新生茎蔓节间缩短，纤细扭曲，坐果少或不坐果。二是蕨叶型：新生叶片变为狭长，皱缩扭曲，生长缓慢，植株矮化，有时顶部表现簇生不长，花器发育不良，严重的不能坐果。发病较晚的病株，果实发育不良，形成畸形瓜，也有的果面凹凸不平，果小，瓜瓤暗褐色，对产量和质量影响很大。

②防治措施：一是种子处理。用0.1%～1.0%的高锰酸钾溶液浸种30min，也可用10%磷酸三钠溶液浸种20min，用清水洗净后播种。二是科学选地。西瓜地要远离其他瓜类地种植，减少传染机会。三是防止接触传播。在整枝、压蔓、授粉等田间作业时，先进行健株后进行病株。苗期发病及早拔除病株，换成健株。四是加强田间管理。多施有机肥，重施基肥，配方施肥，科学灌水，化学调控，培育壮苗，提高抗病能力。五是化学防治。

用10%的吡虫啉可湿性粉剂1 000倍液，或3%的定虫脒乳油1 500倍液喷雾防治；发病初期喷施2%氨基寡糖素，或32%核苷溴吗啉胍，或20%的病毒A可湿性粉剂400～500倍液，或1.5%的植病灵乳油1 000倍液，每隔7d喷1次，连续喷2～3次，也可与600倍5406细胞分裂素混合喷施，效果更佳。

（7）白粉病。

①症状：此病主要危害叶片，其次是叶柄和茎，一般不危害果实。发病初期叶面或叶背产生白色近圆形星状小粉点，以叶面居多，当环境条件适宜时，粉斑迅速扩大，连接成片，成为边缘不明显的大片白粉区，上面布满白色粉末状霉，严重时整叶面布满白粉。叶柄和茎上的白粉较少。病害逐渐由老叶向新叶蔓延。发病后期，白色霉层因菌丝老熟变为灰色，病叶枯黄、卷缩，一般不脱落。当环境条件不利于病菌繁殖或寄主衰老时，病斑上出现成堆的黄褐色的小粒点，后变黑。

②防治措施：一是合理密植，采取高畦深沟种植方式。畦上覆盖地膜；重点加强瓜期后的田间管理，合理整枝，适时摘除病重叶和部分老叶，以利通风透光，降低田间湿度，减少病菌的重复侵染。二是合理施肥。有机肥和无机肥相结合的施肥方式，氮、磷、钾配施。西瓜后期追肥尽量少施或不施尿素，以提高植株的抗病能力。三是药剂防治。500倍液速净7d用药1次进行预防；轻微发病时，300～500倍液速净5～7d喷施1次；病情严重时，按300倍液速净3d喷施1次，喷药次数视病情而定。

3. 主要虫害防治

主要虫害有茶黄螨、蚜虫、红蜘蛛、潜叶蝇、蝇、小地老虎、蛴螬、蝼蛄等。

（1）茶黄螨。在发生初期，喷药防治，可用15%哒螨酮乳油3 000倍液，或5%唑螨酯悬浮剂3 000倍液，或10%除尽乳油3 000倍液，或1.8%阿维菌素乳油4 000倍液，或20%灭扫利乳

油1 500倍液，或20%三唑锡悬浮剂2 000倍等药剂喷雾。为提高防治效果，可在药液中混加增效剂或洗衣粉等，并采用淋洗式喷药方式。

（2）蚜虫、红蜘蛛。可选用20%速灭杀丁乳油2 000倍或50%避蚜雾2 000倍液防治。

（3）潜叶蝇、蝇。交替使用下列农药喷雾：48%毒死蜱乳油1 000倍液，75%灭蝇胺可温性粉剂 3 000～5 000倍液，75%西维因可湿性粉剂3 000倍液。

（4）小地老虎、蛴螬、蝼蛄等。在小苗移栽大田时，每亩用3%地虫光颗粒剂2～3kg，施于西瓜窝周围。小苗移栽成活后，可用25%功夫10mL对水15kg喷雾，或用20%快杀特25mL对水15kg喷雾。

4. 病虫害的综合防治

危害西瓜的病虫种类多，有时同时受几种病虫的侵害，严重威胁西瓜生产，必须根据当地病虫害的种类、发生发展规律，采取病虫害综合防治措施。

（1）农业防治。

①清洁田园，减少病虫源。清除田间和瓜田附近杂草，减少虫源和病源。在生长期间发现病株、病叶，应及时整枝，剪下瓜蔓、病叶，带出瓜田，集中烧毁。

②选用抗病品种，进行种子消毒。

③施用腐熟农家肥。牛、羊、鸡等畜禽粪、土杂堆肥等应高温发酵后应用，或曝晒后堆制，以减少虫卵和病菌，杜绝肥料带菌而引起发病。

④培养无病健苗。采用无菌基质育苗，避免因幼苗带菌而引起病害的发生。

⑤加强田间管理。从开沟排水，铺设地膜，合理施肥，增加磷、钾肥等方面着手，促使植株健壮生长，提高植株抗病能力。

在整枝、压蔓及人工授粉时，应防止操作过程中传播病害。

（2）物理防治虫害。

①人工捕杀。当害虫发生面积较小，可采用人工捕杀方法。

②防虫网。苗期用30目防虫网覆盖或在放风口，实行封闭式生产。发现病株、病叶时，应立即拔除或摘除，防止传染其他健康植株。

③黄板诱杀。利用蚜虫、白粉虱等趋黄习性，设置黄板诱杀。悬挂于温室放风口、走道和行间，诱杀蚜虫、白粉虱等小型害虫。

④灯光诱杀。使用频振式杀虫灯，利用鳞翅目害虫的趋光性，进行诱杀。

⑤驱避作用。银灰色反光膜有驱避蚜虫的作用。可采用铺盖银灰色地膜、在棚室放风口处或种植行道间悬挂银灰色膜条的办法，驱避迁飞蚜虫，对降低蚜虫虫口密度和减轻病毒病有一定的效果。

（3）药剂防治。应遵循“预防为主，综合防治”的方针，尽可能减少农药的使用次数和用量，减轻对人畜健康、生态环境和农产品质量安全的影响。

①选择适宜的农药。尽量选用同时能防治几种病害的农药，减少用药次数，提高效果。

②掌握好用药时期。尽可能躲开天敌对农药的敏感时期施用，既不能单纯强调“治早、治小”，也不能错过有利时期。

③正确掌握用药量及浓度。一般瓜苗前期用药量及浓度低些，而生长的中后期药量及浓度高些。

④交替用药。避免病虫产生抗药性，提高防治效果。

⑤严格遵守安全间隔期。严格按照农药安全间隔期用药，在安全间隔期内不能采收产品。

第二十七节　大棚西瓜栽培管理技术

一、茬口安排

表2-3　大棚西瓜栽培茬口安排

栽培方式	播种期	定植期	收获期	育苗场所
早春大棚	1月中下旬	3月上中旬	5月	温室
早春双覆盖	2月下旬至3月上旬	3月下旬至4月上旬	6月上中旬	温室
春地膜	3月中下旬	4月中下旬	6月下旬至7月上旬	阳畦
春露地	4月下旬至5月上旬	直播	7月上中旬	直播

二、品种选择

选择优质、高产、抗病虫品种，当前主要有：京欣1号、金钟冠龙、郑杂系列等。

三、育苗

（一）嫁接育苗

1. 营养土的配制

营养土一般选择未种过瓜类的肥沃的大田土与腐熟厩肥混合配制而成。肥沃大田土60%，充分腐熟的厩肥40%。若土质黏重，可适当增加厩肥或加入少量细沙。每立方米粪土再加复合肥1.5kg、硫酸钾1.5kg、50%敌克松（或75%甲基托布津或50%多菌灵）80g、敌百虫（或辛硫磷）60g。注意杀菌剂、杀虫剂用量不可过大，以免发生药害。可先用少量土与药混匀，再掺入营养土中，最后将全部营养土充分拌匀，堆放 7～10d 后，装入营养钵或做成厚 13～15cm 的苗床。

2. 电热温床的准备。

严冬季节，为防止温度过低不利于苗生长，可采用电热温床育苗。在温室中部做宽 1m、长 5m、深 20cm 的畦，下铺 5cm 厚的麦秸或树叶等隔热物，上铺 3cm 的土，耙平轻踏，按每平方米 90～110W 铺电热线，线上再盖 5cm 厚的细土，最后将营养土铺在床内或将装好土的营养钵码入床内（注意布线要均匀，覆土厚度要一致），灌水通电，烤床升温。此项工作在播种前 3d 完成。

3. 砧木种类

新土佐南瓜、葫芦。

4. 播种时间

播期取决于砧木种类和嫁接方法。采用插接法，南瓜先播，隔 5～7d 播西瓜；靠接法先播西瓜，隔 3～4d 再播南瓜。

5. 浸种催芽

（1）南瓜。播种前采用药剂浸种，福尔马林 100 倍液浸种 30min，或 50% 多菌灵 500～600 倍液浸种 60min，经消毒的种子，用清水充分洗净后再浸种 4～6min。浸过的种子用布包好，放在 25～30℃条件下催芽，70% 种子露白后播种。

（2）西瓜。在浸种容器内盛入 5 倍于种子重量的 55～60℃的温水，将种子倒入容器中并不断搅拌，使水温降至 30℃左右。在此温度的水中浸泡 3～4h。将浸泡好的种子用湿布等包好后，放到 28～30℃的环境下进行催芽。催芽可用火炕催芽或用电热毯催芽。催芽时每 3～4h 翻动一次。60% 种子露白后即可播种。

6. 播种密度

西瓜种子尽量稀播，一般掌握每 50g 种子不小于 $3m^2$；南瓜应尽量密播，一般 $400～500g/m^2$，以不互相叠压为好。

7. 播种方法

（1）西瓜。当苗床温度（10cm）稳定通过 18℃时可以播种。方法：播种前在床面喷一次小水，之后，铺撒 0.1cm 厚的过筛细土，然后将种子均匀点播或撒播到床面，上覆 1cm 厚的潮湿药土（每立方米细土加 80g 50% 多菌灵），并覆盖小拱棚。

（2）南瓜。当苗床温度（10cm）达到 24℃以上时即可播种，播种方法同西瓜，不同的是覆土厚度为 2cm。

8. 播后管理

（1）西瓜。播种后至出苗前，保持地温 25℃以上。苗齐后苗床适宜温度白天 22～25℃，夜间 14～18℃，在苗床上分 2～3 次筛药土，厚度 0.5cm。注意增加苗床光照强度及适度通风、降湿。

（2）南瓜。播种后至出苗前，地温最低 24℃，最适温度 28～30℃。苗齐后保持适宜温度白天 22～25℃，夜间 14～18℃，并注意增加苗床光照强度及适度通风、降湿。注意播种至嫁接前严禁浇水。

通过加强苗床管理，力争在适宜嫁接时将西瓜及南瓜下胚轴高度控制在 5～8cm，不宜过长或过短。

9. 嫁接

（1）嫁接工具。嫁接所用工具：竹签、刮脸刀片、嫁接夹、托盘等。

（2）嫁接方法。

①嫁接方法：靠接法、插接法。

②靠接法：适宜嫁接苗龄为西瓜第一片真叶半展至展开、南瓜子叶展平破心。嫁接前一天西瓜苗床要浇水，以便于起苗。用竹签挖取砧木苗子和接穗苗子，抖去根部泥土，分别放在两个托盘内。取西瓜苗，从子叶节下 2～2.5cm 处用刮脸刀片自下向上斜削（刀口与子叶平行方向），刀口深达茎粗的 2/3，刀口长

1cm。再取南瓜苗，剜去生长点，找到窄面自子叶节下 0.5～1cm 处用刮脸刀片自上而下斜削，刀口深达茎粗的 2/3，长达 1cm，然后把西瓜苗和南瓜苗插靠在一起，自西瓜苗向南瓜苗方向用嫁接夹排列夹好。将嫁接好的苗按株行均为 12～15cm 的距离，刀口距床面 2～3cm，将苗子定植在苗床上或营养钵中，浇透水，并且加盖小拱棚保温保湿。

③插接法：适宜嫁接苗龄为西瓜子叶展平或破心、南瓜第一片真叶初展。嫁接前一天西瓜苗床要浇水，以便于起苗。用竹签挖取砧木苗子和接穗苗子，抖去根部泥土，分别放在两个托盘内。首先，用竹签剔除南瓜生长点，然后用一根直径比西瓜幼茎略粗的椭圆形竹签，削一楔面、光滑，楔面向下，从南瓜子叶基部一侧向另一侧子叶方向斜插纵深 0.5～0.7cm 的插口；西瓜于子叶节下方 1cm 处斜切去掉根部，切面长 0.5～0.7cm。然后将砧木苗端的竹签抽出，并立即插入接穗，西瓜和南瓜的接口即可密切结合。嫁接后西瓜于南瓜子叶应平行分布，以便南瓜子叶托起西瓜子叶面。然后将嫁接苗栽入营养钵或苗床上，浇透水并加盖小拱棚。

无论采用靠接法或插接法均应避免切（插）口与土壤接触，以免被污染。

（3）第 1～3d 的管理。

①湿度：密闭小拱棚保湿，使空气相对湿度达 95% 以上。

②温度：地温 22℃ 以上，气温白天 25～30℃，夜间 18～20℃。光照：遮花荫。

（4）第 4～7d 的管理。

①湿度：小拱棚开始放风，风口由小到大，放风时间由短到长至逐渐撤掉小拱棚，空气相对湿度保持 85%～90%。

②温度：地温 18℃ 以上，气温白天 30～32℃，夜间 15℃ 以上。光照：逐渐加大见光量、延长见光时间至撤掉遮光物全天

见光。

（5）第8~12d的管理。

①湿度：空气相对湿度80%~85%。

②温度：地温16℃以上，气温白天28~30℃，夜间13~15℃。光照：早揭苫、晚盖苫，尽量多见光。

（6）第12d以后的管理。当接穗开始生长时，开始断根，即把西瓜苗的根用刀片削断并去掉刀口至根部的西瓜茎。断根前一天喷50%多菌灵800~1 000倍液，断根在晴天上午进行，断根后如发现萎蔫要适当遮阴，以防由于暂时缺水造成接穗过度萎蔫而死亡。断根后一般不再浇水，土壤相对湿度保持75%~80%，白天温度26~28℃，夜间12℃为宜，定植前5~7d进行低温炼苗，白天苗床温度28~30℃，夜间逐渐降到8℃。

（7）剔除侧芽。无论采用哪种嫁接方法，一旦砧木有新侧芽长出，应及时剔除。

（二）常规育苗

在浸种容器内盛入5倍于种子重量的55~60℃的温水，将种子倒入容器中并不断搅拌，使水温降至30℃左右。在此温度的水中浸泡3~4h。将浸泡好的种子用湿布包好后，放到28~30℃的环境下进行催芽。催芽可用火炕催芽或用电热毯催芽。催芽时每3~4h翻动一次。60%种子露白后即可播种。

播种前将营养钵洇透，扣膜升温，地温达到20℃时即可播种。选晴天上午播种，每个营养钵点播一粒种子。将种子平放在营养钵内，然后再覆盖过筛的营养土，厚度为1~1.5cm。轻轻按压，防止落干。加盖小拱棚保温保湿。

出苗前使地温保持在27~30℃。当有50%幼苗顶土时，要及时揭掉地膜，并开始通风。

齐苗后白天气温25~28℃，夜间14~16℃。此期一般不宜浇水。

幼苗一般在定植前一周开始炼苗。炼苗期间白天温度25～28℃，夜间10～12℃，若遇低温寒流天气时，注意保温防寒。

四、定植后管理

（一）定植

1. 整地施肥

冬前按2.5m或1.2～1.4m的间距开一条宽50～60cm，深30～40cm的施肥沟，沟内灌水，水后翻地。春天每亩施$8m^3$腐熟有机肥，过磷酸钙80kg，硫酸钾50kg，集中施入瓜沟中。施肥要一层肥一层土，分三次填满瓜沟。

2. 作垄

在施肥沟上做成鱼脊形的垄，垄高15cm，垄宽60cm。

3. 定植时间

当10cm地温稳定在14℃以上，气温不低于5℃时定植。

4. 定植方式

可采用单垄双行，即在每垄上定植2行，早熟品种株距35cm，中熟品种株距50cm。或每垄定植单行，垄距1.2～1.4m，早熟品种株距35cm，中熟品种株距50cm。

5. 定植方法及密度

将苗定植在垄肩上（嫁接苗接口距垄面2cm以上），先开定植穴，穴内浇水，然后定植苗，苗坨与四周土壤密接。定植密度根据品种和整枝方式的不同而有所不同，一般早熟品种每根蔓应该保证0.3～$0.4m^2$的营养面积，中熟品种每根蔓应该保证0.35～$0.45m^2$的营养面积，晚熟品种每根蔓应该保证0.4～$0.5m^2$的营养面积。

6. 覆膜或扣小拱棚

可先覆地膜再定植，也可先定植再覆膜，使膜紧贴垄面，四周用土封严。如扣小拱棚，用幅宽2m，厚0.04mm的膜搭成高

50～60cm，宽1.2～1.3m的小拱棚。

（二）田间管理

1. 覆膜西瓜管理

（1）温度管理。白天气温超过28℃放风，低于18℃关闭风口，夜间气温维持在8℃以上。当外界气温不低于13℃时，昼夜通风，并逐渐撤掉拱膜。

（2）肥水管理。定植时浇足水后要对垄沟勤中耕，以利提高地温。进入伸蔓期视土壤墒情浇一次水，当瓜达鸡蛋大小时浇一次小水，3～5d后浇一次大水，并结合浇水追施肥料，方法是在距瓜秧基部18～20cm处挖深5cm的沟，沟内施肥，亩施腐熟饼肥250kg，硫酸钾20kg。以后保持土壤见干见湿，采收前7～10d停止浇水。

（3）植株调整。

①整枝：西瓜采用三蔓整枝，在瓜秧伸蔓初期，除保留主蔓外，再从瓜秧基部选留两条子蔓（侧蔓），其余侧蔓全部抹掉。

②压蔓：西瓜苗伸长后，为防止瓜秧折断、乱爬，须按一定的方向固定，使瓜秧分布均匀，防止互相遮阴，每5～6节压一次蔓，瓜前瓜后各压一次。此项工作宜在中午进行。

③授粉留瓜：最好选留第二个雌花坐果，在早晨10：00以前，进行人工授粉，一朵雄花可授3～4朵雌花，花粉要涂匀。

④摘心打杈：当瓜坐住后，进入膨瓜期，可摘心防止营养生长过旺而分散养分，瓜前的杈全部打掉。

⑤瓜的晒盖和翻动：瓜快成熟时，为防日烧，用叶盖瓜。同时为保证全瓜受光，色泽一致，甜度增加，中午将瓜轻轻转动，让阴面见光，共2～3次。

2. 大棚西瓜管理

（1）温度管理。定植后5～7d内，白天气温28～32℃，夜间16℃以上，以促进根系恢复生长。缓苗后白天28～32℃，夜间12～13℃，开花坐果期白天27～30℃，夜间15～20℃。当棚内夜间温度不低于15℃时，可昼夜放风。

（2）水肥管理。定植后浇足水，一般到坐果期不再浇水，瓜达到核桃大小时，随浇水每亩追施150kg腐熟饼肥、多元复合肥30kg。以后视土壤水分情况，再浇1～2次水，后期再追一次氮磷钾复合肥20kg，可叶面喷施0.2%～0.3%磷酸二氢钾作根外追肥。

（3）植株调整。采用三蔓整枝，留一条主蔓和两条侧蔓。当主蔓长到20～30cm时，选两条壮蔓作侧蔓，其余全部打掉，以后长出的侧蔓全部摘除。侧蔓向棚两侧伸蔓，主蔓向棚中央伸蔓，当两行主蔓合垄且叶数达35片时打顶，侧蔓在20片叶时打顶。整枝工作在坐瓜前进行，及时去除侧蔓。嫁接西瓜不能压蔓，以防枯萎病的发生。如果出现不定根，要及时抹掉。及时去除卷须。西瓜膨大后，长出的孙蔓也要去除。

（4）人工授粉。在早晨7：00～10：00，手摘雄花，剥开花冠用雄蕊涂抹雌花的雌蕊，每朵雄花涂抹2～3朵雌花，也可用多雄授多雌，进行复合授粉，提高坐果率。

（5）选留二茬瓜。头茬瓜“定个”后，在侧蔓上选发育正常的雌花授粉留瓜，头茬瓜采收后，去掉坐瓜蔓以上的主蔓，然后每亩追施氮磷钾复合肥30kg，以促二茬瓜发育。

五、病虫害防治

（一）病害

西瓜病害主要有枯萎病、白粉病、炭疽病和蔓枯病。

1. 枯萎病

（1）轮作。最好与非瓜类作物实行8年以上的轮作。

（2）嫁接防病。瓜类枯萎病有明显的寄生专化性。因此，可以用南瓜、葫芦作砧木进行嫁接栽培。

（3）加强栽培管理。播前平整好土地，施足腐熟的有机肥，灌足底水，生长期浇水时严禁大水漫灌；追施有机肥，合理搭配氮、磷、钾复合肥，增强植株抗病性。

（4）化学防治。播种前重病田穴施药土：在穴内下铺，上盖。药剂可选用50%多菌灵，或50%甲基托布津，或40%拌种双粉剂，药土的比例为1∶100。发病初期灌根；田间发现零星病株时，可选用甲基托布津、多菌灵或敌克松500～1 000倍液在植株根围15cm浇灌，每株用药200～250mL，间隔期7～10d，共灌2～3次。

2. 白粉病

（1）农业防治。选用抗病品种，培育壮苗。加强水肥管理，防止徒长和早衰。及时整枝打杈，保持通风良好。

（2）药剂防治。发病期选用成标+翠贝1 000倍液，15～20d喷1次。或用50%硫黄悬浮剂200～300倍液，7～10d喷1次。

3. 炭疽病

①选用无病种子，进行种子消毒。

②与非瓜类作物实行5年以上的轮作；增施有机肥；降低空气湿度；及时中耕、清除田间杂草。

③药剂防治：在发病期选用10%苯醚甲环唑1 000倍液，或80%炭疽福美可湿性粉剂800倍液，2%抗真菌素（农抗120）200倍液，7～10d喷1次，连续2～3次。

4. 蔓枯病

①农业防治：播前种子消毒；实行5年以上轮作；施用足量的腐熟有机肥，并注意氮、磷、钾肥的均衡搭配。

②药剂防治：在发病期喷施70%代森锰锌可湿性粉剂500倍液，或万枯1号1 500倍液喷雾，或用甲基托布津或敌克松或杀毒矾50倍米汤药液涂抹病部。

（二）虫害

西瓜虫害主要是白粉虱、蚜虫。

①棚室内采用黄板诱杀。

②棚室风口处使用防虫网。

③可用10%的扑虱灵1 000倍液，10%吡虫啉1 000～1 500倍液或5%啶虫脒1 000～1 500倍液间隔7～10d连续喷施2～3次，在采收前15d禁止用药。

④棚室内采用熏虱净烟剂防治。

六、采收

中晚熟品种在当地销售时，应在果实完全成熟时采收，早熟品种以及中晚熟品种外销时可适当提前采收。在同一天，10：00～14：00为最佳采收时间。采收时用剪刀将果柄从基部剪断，每个果保留一段绿色的果柄。

第二十八节　日光温室冬瓜栽培管理技术

一、茬口安排

冬瓜3～4月播种，8～11月采收。

二、品种选择

选用优质、高产、适应性广、抗病虫性强、抗逆性强、商品性好的冬瓜品种。如黑皮大冬瓜、青皮冬瓜、北京一串铃、北京地冬瓜。

三、育苗

1. 育苗场所

塑料薄膜拱棚作为育苗场所。

2. 播种床的准备

营养土的配置：以马粪30%，猪粪20%，园田土50%的比例配制营养土，每1 000kg营养土中再掺过磷酸钙5kg，硫酸钾2.5kg，营养土掺匀后平铺畦面，厚度10cm。

容器准备：将配好的营养土装在直径8cm、高10cm的营养钵中，上留2cm不装土。也可将营养土装入穴盘（50穴），紧密码放在苗床中。

3. 浸种催芽

（1）药剂浸种。用10%磷酸三钠溶液或0.1%高锰酸钾溶液浸泡种子20min，捞出后用清水洗净，再在常温水中浸泡6～8h。

（2）温汤浸种。将种子放入55～60℃温水中，随之搅拌至水温降至30℃止，再浸泡6～8h。

（3）催芽。将浸泡好的种子用干净的纱布和湿麻袋片包好，放在28～30℃的条件下催芽，当70%种子露白时即可播种。

4. 播种

选晴天中午播种，播前先在播种床上浇水，水量浸透10cm厚床土，水渗后在畦面撒0.5cm厚的过筛细潮土，将种子均匀撒在畦面上，覆1～1.3cm厚的细潮土。容器育苗播前要充分浇水，水渗后撒一层过筛细潮土。

5. 苗期管理

播种至出土前要提高温度，出土后适当降温通风。第一片叶出现至4叶期，白天温度控制在22～28℃，夜间15～20℃。苗床底水充足时，苗期不浇水，苗期要覆过筛细土2～3次，以利于根系发育。

四、定植及定植后管理

1. 整地施肥

栽前应深耕，并整平耙细，每亩用优质腐熟有机肥5 000kg、硫酸钾复合肥复合肥（12N ：$18P_2O_5$ ：$15K_2O$）30kg，深耕20cm，整平。

2. 栽培方法

一般多行立架栽培。大型冬瓜一般行距70～80cm，株距50～60cm，每亩保苗1 300～2 000株；小型冬瓜株距33～50cm，每亩保苗2 600～4 000株；地冬瓜行距1.7～2.0m，每亩保苗500～800株。

3. 定植后管理

（1）肥水管理。缓苗后沟灌1次水，然后控水蹲苗。压（绑）蔓后浇水。当第一瓜核桃大时浇小水，每亩追施复合肥10kg，小水勤浇，禁止大水漫灌，忌阴天傍晚浇水。

（2）植株调整。及时进行压蔓、摘心、打杈和定瓜，使营养生长和生殖生长互相协调，扩大根系的吸收面积，促进开花结果。

（3）压蔓和盘条。冬瓜第一雌花出现的节位高，在搭架栽培时，将基部没有雌花的茎蔓缠绕杆，或架的外侧盘曲压入土中，而使龙头接近架杆的基部，促进次生根产生，扩大吸收面积和防风害。

（4）摘心与打杈。早熟品种当主蔓长到13～16叶时可摘心，晚熟品种在25～30叶时摘心。一般除留瓜旁一枝外，其余叶腋出现的侧芽都要摘除。

（5）留瓜与定瓜。每株留2～3个幼果，待幼果长到250～500g时，再择优定瓜。一般留取第二或第三个幼果。

五、病虫害防治

1. 农药的选择和使用

应符合NY/T393的要求。严禁是高毒、剧毒以及“三致”农药；有效成分相同的有机合成农药一个生长期只能使用1次。

按照农药安全使用标准和农药合理使用准则的要求控制施药量与安全间隔期。

2. 防治基本原则

采取预防为主，综合防治的方针，从农田生态的总体出发，以保护、利用田间有益生物为重点，协调运用生物、农业、人工、物理措施，辅之以高效低毒、低残留的化学农药进行病虫害综合防治，以达到最大限度降低农药使用量。

3. 病害

冬瓜病害主要有霜霉病、白粉病等。

黄瓜霜霉病防治：①选用抗病品种。②采用地膜覆盖高垄栽培，采用滴灌、管灌或膜下暗灌的方式灌水。③注意通风、控湿，防止叶面结露，浇水应选晴天上午，阴天注意放风。④定植前喷药预防，在黄瓜出苗后二叶一心至结瓜前用高锰酸钾 600 ~ 800 倍液喷雾，5 ~ 7d 一次，连喷 4 次。⑤发现中心病株应立即喷洒 70% 丙森锌可湿性粉剂每亩制剂 150g。

4. 冬瓜白粉病防治

①选用抗病品种。②加强通风，浇水后或阴天注意放风排湿。③发病初期喷洒 75% 百菌清可湿性粉剂每亩制剂 150g。

5. 虫害

冬瓜虫害主要有蚜虫、白粉虱、美洲斑潜蝇等。

（1）蚜虫、白粉虱防治。

①用黄板诱杀成虫。

②培育无虫苗，要防止随苗将粉虱带入温室。消灭前茬和温室周围虫源。

③以虫治虫，以丽蚜小蜂控制白粉虱的为害，当白粉虱成虫数量达每株 1 ~ 3 头时，按白粉虱成虫与寄生蜂 1 : 3 的比例，每隔 10d 释放丽蚜小蜂一次，共放蜂 3 次，能有效地控制其为害。

④喷洒 10% 吡虫啉可湿性粉剂每亩制剂 10g（1，7）。

（2）美洲斑潜蝇防治。

①合理安排茬口，发病较重地区种植其非喜食蔬菜，如韭菜、甘蓝等。

②高温闷棚，闷棚前1d浇透水，次日闷棚升温至45℃，持续2h后放风。

③释放潜蝇姬小蜂进行生物防治。

六、采收

冬瓜果实达到生物学成熟时采收。

生长期施过化学合成农药的冬瓜，采收前1~2d必须进行农药残留生物检测，合格后及时采收，分级包装上市。

第二十九节　西葫芦栽培管理技术

一、品种选择

常见品种有京葫1号、冬玉、纤手、寒玉、中葫一号、早青一代、早春一代、京葫、碧玉、玉帅等，抗病品种如抗白粉病和霜霉病可选碧玉，耐寒品种可选冬玉、纤手等。

二、栽培季节和方法

西葫芦属喜温作物，生长发育的最适温度为13~25℃，小瓜生长最适宜温度为20~25℃，高于35℃或低于10℃生长不好。春季又分保护地和露地两种栽培形式。保护地生产一般在1月上、中旬育苗，苗龄30~35d，露地生产3月中下旬育苗，苗龄25~30d。

三、育苗

育苗宜在温室或大棚内进行。

1. 浸种方法

播种前，将选好的种子放在 50～55℃ 温水中烫种 15～20min，方法是边倒种边搅拌，当水温降至 20～30℃时停止。在温水中浸泡 4～6h，搓掉种皮黏液，用清水冲洗干净后，将种子用湿纱布包好，放在 25～30℃ 温度条件下催芽，一般经 24～36h，当大部分种子芽长达 0.3cm 左右即可播种。胞衣种可在太阳下晒种 3～5h 后播种（不需要浸种）。

2. 播种

用优质有机肥和疏松土按 1：1 比例均匀混合后，每立方米再加入过磷酸钙 2kg，复合肥 1～2kg，草木灰 10kg，制成营养土。播种方法有两种，一种是用营养土做成 10cm 高的苗床，浇足底水后，将催好的芽按 10cm×10cm 间距摆 1 粒种子，芽尖朝下或平卧，再覆盖 1～2cm 厚的细土；另一种是做成 6～8cm 的沙床，浇透水后，均匀播种，上盖 2cm 厚的细土，并铺上地膜，当子叶出土后及时撤去薄膜。

3. 苗期的温度管理及定植

播种至出苗白天温度保持在 25～28℃，苗齐后，可适当降温，白天 20～25℃，夜间 13～17℃，白天超过 25℃要及时通风，降至 20℃时要把膜盖严。幼苗期一般控制浇水，如需浇水应选晴天进行，浇后加大通风或用湿土覆盖保墒，防止幼苗徒长，叶片肥大的方法是定植前一周必须低温炼苗。一般保护地达 3 叶 1 心，露地 2 叶 1 心时定植。保护地生产，育苗用电热线或酿热物加温；露地栽培可在冷床播种。每亩用种量 100～150g。

4. 整地和施基肥

宜选择 3～4 年未种过瓜类作物的地块种植。保护地栽培，冬前结合耕地、晒垡，亩施农家肥 3 000kg，菜籽饼 100kg，草木灰 100kg，复合肥 40kg。耙平、整细后做墒，1.2m 开墒，墒面宽 80cm，沟宽 40cm，深 10cm 或采取大小行形式，大行墒面宽 80cm，小行墒面宽 50cm，每墒栽双行。

四、定植和定植后管理

露地生产，4 月中下旬定植，有条件可盖地膜，覆膜比不覆膜增产 2 ~ 3 成。移栽前开沟，亩施过磷酸钙 20kg，硫酸钾 10kg，按 50 ~ 60cm 的株距栽苗。株行距（50 ~ 60cm）×（100 ~ 150cm），亩密度 740 ~ 1 300 株。定植后及时浇透定根水及防治小地老虎。大棚或日光温室生产，定植后保持其内高温、高湿，促进缓苗，棚温不超过 30℃ 不放风。缓苗后促根、控秧，防止徒长。一般苗期不浇水，利用温度调节植株长势。

（一）露地栽培

白天保持 20 ~ 25℃，夜间 10 ~ 12℃，白天超过 25℃ 时通风，降到 20℃ 时闭棚，15℃ 左右覆盖草帘。2 月底前撤去小拱枷。第一雌花开放后，头瓜开始膨大时，适当提高温度，白天保持 22 ~ 25℃，夜间最低达 11 ~ 13℃。

头瓜膨大期开始施肥、灌水。每亩施复合肥或者尿素 8 ~ 10kg，浇水促使肥料溶化。水渗透后要及时放风排湿，防止引发灰霜病。待第二条瓜膨大期，每亩追硫酸铵 20 ~ 25kg。以后每采两次瓜，追一次肥，施肥量根据植株长势决定。结果期不能缺水，水分不足，瓜条生长缓慢，但不宜过大，应采取小水勤浇办法，每次浇水以垄沟充满水为宜。头瓜开花时，为防止化瓜，需用 25 ~ 30mg/kg 的 2，4-D 或 40 ~ 50mg/kg 的防落素点花保果。待大量雄花出现时，可改用人工授粉方式。人工授粉以上午 9：00 ~ 10：00 最佳，一朵雄花可授 3 ~ 4 朵雌花，该法可以显著提高坐果率。

（二）保护地栽培

1. 温室栽培

白天棚温应保持25～30℃，夜间16～20℃，晴天中午棚温超过30℃时，用天窗少量通风。缓苗后要降低温度，尤其夜间温度，以防幼苗徒长，促进植株根系生长，有利于雌花分花和早坐瓜，管理措施：进行通风：白天棚温控制在20～25℃，夜间10～12℃，结瓜后，已进入严冬，白天温度20～26℃，夜间16～18℃，最低不低于10℃，阴天夜间最低温度不得低于8℃，短时不能低于6℃，昼夜温差要保持在8℃以上。管理措施：白天要充分利用阳光增温，要晚揭早盖蒲苫，揭苫后及时清扫棚膜上的碎草、尘土，增加透光率。

定植后原则不淌水，缓苗后，进行中耕2～3次，以达促根壮秧目的。西葫芦在温室内栽培易出现化瓜，必须进行人工辅助授粉或激素处理。每天上午9：00～11：00要以20mg/kg的2，4 D或30mg/kg的防落素，掺加50～100mg/kg的九二〇，再掺加0.15%的速克灵或扑海因药液蘸花心和瓜柄，促进坐瓜。人工授粉的方法是在晴天上午9：00～11：00，摘下当日开放的雄花，去掉花冠，在雌花柱头上轻轻涂抹；也可将人工授粉和激素处理相结合，其效果会更好。激素处理时，内加红色素，作为标记，以防遗漏或重复处理。当根瓜有10cm左右长时浇第一次水，并随水每亩追硫酸钾20kg或氮、磷、钾复合肥25kg。12月至1月上旬以喷施叶面肥为主，1月中旬浇第二次水，水量不宜过大，以后每15～20d浇一水，均采用膜下暗浇。每次浇水，均可追肥，以钾肥为主，少施氮肥，用冲施肥较合适，浇水以晴天上午11时开始至下午2时结束，浇水时要将天窗打开，风口不能太大，不要在阴雪天前浇水。浇水后的3～5d在棚温上升到28℃时，开窗通风排湿。

当植株有8～10片叶时应进行吊蔓与绑蔓。当瓜秧的高度离棚室有30cm左右时，要进行落蔓，首先将下部老叶、黄叶、病叶打掉，打时叶柄留长些，以免严冬季节低温高湿，伤口溃烂后延伸至主蔓而折倒，影响产量。

2. 冷棚栽培

塑料冷棚栽培西葫芦以春提前栽培为主。当棚内地温稳定通过10℃以上，最低气温不低于6℃时即可定植。播种期在2月上旬至3月上旬，定植期在3月中旬至4月上旬，4月下旬到5月中旬开始上市，5~6月为上市的主要时期。

五、病虫害防治

（一）主要病害防治

西葫芦主要病害有病毒病，白粉病、灰霉病、叶枯病等。防治白粉病、灰霉病，可选用65%甲霜灵可湿性粉剂800倍液，15%三唑铜可湿性粉剂1 500倍液，40%福星乳油8 000倍液，或28%灰霉克可湿性粉剂500倍液，或50%速克灵可湿性粉剂600~800倍液，或50%扑海因可湿性粉剂600倍液。用防落素等蘸花时，在药液中加入0.1%的50%速克灵、28%灰霉克可减轻灰霉病的发生；25%青枯灵可湿性粉剂500倍液防治细菌性叶枯病。

（二）主要害虫防治

西葫芦主要虫害有和蚜虫、白粉虱、黑土蚕（小地老虎）、烟粉虱等，采用以抗病品种和培育无病壮苗为基础，注意设施内和田间通风、透光，降低空气湿度、加强肥水管理，结合生物防治和合理使用高效低毒、低残留农药的综合技术。还应避免重茬，与菠菜、韭菜、甘蓝等轮作可减轻美洲斑潜蝇的危害。发生为害初期，蚜虫可用2.5%高效氯氟氰菊酯乳油3 000倍液，或20%甲氰菊酯乳油2 000倍液，50%辛硫酸乳油800~1 000倍液等；白粉虱、烟粉虱可用25%噻嗪酮可湿性粉剂1 000倍液、或

用10%吡虫啉可湿性粉剂2 000倍液，或用2.5%氟氰菊酯、高效氯氟氰菊酯乳油各2 000倍液，或用50%马拉硫磷乳油800倍液，每7天喷1次；美洲斑潜蝇可用1.8%阿维菌素乳油2 500倍液，或20%灭蝇胺可溶性粉剂1 000～1 500倍液，或4.5%高效氯氟氰菊酯乳油1 500～2 000倍液等。黑土蚕幼虫发生期，用90%晶体敌百虫100g对水1 000g混匀喷洒在5kg炒香的麦麸或砸碎炒香的棉籽饼上拌匀，配制成毒饵，傍晚顺垄撒施在幼苗附近可诱杀幼虫，或3龄前用90%晶体敌百虫1 000倍液，或48%毒死蜱乳油1 500倍液，或4.5%高效氯氰菊酯乳油2 000倍液于早晚全田喷雾防治。

六、采收

露地生产，一般在雌花开放10～15d即可采收嫩果；后期随着温度升高，只需5～7d就可采果1次。保护地栽培，当单瓜重250g左右时就可收获，采收一般在下午进行，可以保证瓜条鲜嫩，便于出售。

第三十节　平菇种植管理技术

一、保护设施

在不适宜平菇生长发育的寒冷、高温、多雨季节，人为创造适宜平菇生长发育的微环境所采用的定型设施。

1. 日光温室

由采光和保温维护结构组成，以塑料薄膜为透明覆盖材料，东西向延长，在寒冷季节主要依靠获取和蓄积太阳辐射能进行平菇栽培生产的单栋温室。跨度7～9m，脊高3.2～3.5m，长度30～60m。

2. 塑料大棚

采用塑料薄膜覆盖的拱圆形棚，其骨架常用竹、木、钢材或复合材料建造而成，矢高 2.5 ~ 3m，跨度 6 ~ 12m，长度 30 ~ 60m。

3. 菇墙

由菌棒堆码起的墙体。一般堆高 10 ~ 12 层，用水泥杆或竹木固定，要求牢固，菇墙间 0.8 ~ 1.0m。

二、栽培场所

简易房屋、日光温室、塑料大棚、地窖等场所均能栽培，但要求背风、向阳、地势高燥平坦，有散射光，能保温保湿，通风换气方便。使用前要严格消毒，每立方米设施用 40% 甲醛 17mL 和 98% 高锰酸钾晶体 14g 混合产生气体消毒，时间要求 8h。

三、栽培季节

栽培适期多在秋冬季。气温不高于 20℃ 是最理想的接种期，15℃ 是最适宜的出菇期。在设施条件较好既能升温降温的环境中，可以周年生产。

四、菌种选择

平菇的种性要求具备：发菌快、出菇早、转潮快、产量高、品质好。品种按出菇温度可分为低温种、中低温种、中高温种和广温种四大类型。栽培者应按市场要求和栽培季节选择适宜品种。

五、塑料袋的规格和要求

一般选用厚 0.015 ~ 0.025cm，宽 24 ~ 28cm 的高压聚乙烯或低压聚乙烯薄膜筒，截成长 50 ~ 55cm 的料袋。塑料袋应清洁、

牢固、无毒、无污染、无异味，符合国家有关标准和规定。

六、菌棒生产技术

1. 拌料与装袋

栽培平菇的原料很丰富，一般以棉籽壳、木屑、玉米芯和作物秸秆为主，但需干、无霉沤、无油垢、无杂物，栽培时一般配合使用，相互掺和。栽培料调制要达到“两匀一充分”，即各种干料拌匀，料水拌匀，原料吸水充分。调制好的栽培料适宜含水量应为60%～65%（即用手尽力握指缝有水珠，但不下流）。pH值为5.5～6.5。

2. 灭菌

培养料配制好后，要在当天装完灭菌，以免原料酸化。要求始火到灶温达100℃的时间不超过6h，当灶温达100℃时保持10h就可达到灭菌效果。

3. 接种

为确保发菌成功，待灭菌后的培养袋料温降到28℃以下时，在无菌条件下，选用活性好的适龄优质菌种，打开袋口将菌种掰成块状接入，叠紧袋口，接完接种室内的袋子后，把培养料袋运往培养室，进行发菌培养。

4. 发菌

气温高于25℃时，单行单层发菌，气温15～18℃时，菌袋2～3层单排摆放，气温在10℃时菌袋3～4层摆放，并要盖草帘等保温。正常温度下从第3d开始翻垛，然后5～7d天进行下一次翻垛，结合翻垛检查有无杂菌感染，若发现异色杂菌，可用消毒刀挖去，撒上石灰或用50%多菌灵500倍液消毒。平菇发菌阶段最适宜温度为20～25℃。空气相对湿度为60%～70%。当培养料面形成白绒毛状菌丝体时，即可出菇。

七、出菇管理

出菇阶段温度控制在 13～18℃。适当增加散射光，加强通风换气，拉大温差，促进原基分化。出现菇蕾时，及时解开袋口，将袋口翻卷，露出菇蕾，立体墙式堆垛。垛行间留 90cm 走道，每条走道留对流通风孔。当出现幼菇时，喷水要少而勤，相对湿度 85%，随着菇体长大，喷水次数可增至每天 2～3 次，湿度提高到 90%。第一茬收完，要及时清理料面，去掉残留的菌柄、烂菇，同时进行喷水保湿，并盖塑料薄膜保温，为了提高第二茬的产量，结合喷水管理，可在 100kg 水中加 0.2kg 磷酸二氢钾，或糖水喷在菇体上。约 10～12d 第二潮菇现蕾。如此反复管理，一般可出 3～5 潮菇。

八、病虫害防治

预防为主，综合防治，优先采用农业防治、物理防治、生物防治，配合科学合理地使用化学防治，达到生产安全、优质的平菇生产目的。

（一）物理防治

（1）选择新鲜培养料，并在露天曝晒 2～3d 杀菌消毒。

（2）选好栽培场所，搞好培养室和接种室内外清洁卫生，使用前彻底消毒灭菌，避免杂菌产生的环境条件。

（3）栽培中调节好温湿度，加强通风换气，控制料面无积水。严防杂菌污染。

（4）栽培场所出入口安装纱网，防止螨类、菇蝇、跳虫等害虫迁入。

（二）药剂防治

（1）严格执行国家有关规定，不使用高毒、高残留农药。

（2）科学使用农药，注意不同作用机理的农药交替使用和

合理使用，以延缓病菌和害虫的抗药性，提高防效。

（3）允许使用的低毒农药，每种每茬最多使用1次。

（4）坚持农药的正确使用，按使用浓度施用，施药力求均匀周到。

（三）杂菌防治

接种前做好基料的灭菌工作，感染时及时挖除发病部位后撒上一层0.2～0.3cm的石灰或草木灰。喷洒50%多菌灵可湿性粉剂每亩 制剂50g。

（四）虫害防治

菇蝇：采用防虫网、黄板等隔绝菇蝇侵入。

九、适时采收

平菇采收的标准：菇盖充分展开，颜色由深逐渐变浅，下凹部分白色毛状物开始出现，孢子尚未散落。

主要参考文献

［1］中国农业科学院蔬菜花卉研究所．中国蔬菜栽培学（第二版）．北京：中国农业出版社，2009.

［2］孙茜．无公害蔬菜病虫害防治实战丛书．北京：中国农业出版社，2006.

［3］固安县蔬菜管理局．无公害农产品实用技术．2009.

［4］乔立平．廊坊 40 型日光温室无公害蔬菜栽培．石家庄：河北科学技术出版社．2004.

［5］中国种子协会蔬菜种子分会．2011 中国蔬菜良种选购指南．2011.

［6］姜辉．设施蔬菜连作障碍综合防治技术［J］．园艺与种苗，2011（03）.

［7］刘书晓．无公害蔬菜病虫害防治技术［J］．致富天地，2001（12）.

［8］王国庆，梁富军，岳素梅．无公害蔬菜田间管理技术［J］．种业导刊，2010（07）.

［9］石其夫，庄召勤，程大勇．无公害蔬菜生产农药使用现状及对策［J］．现代农业科技，2007（02）.